AF403950

IRE
03...

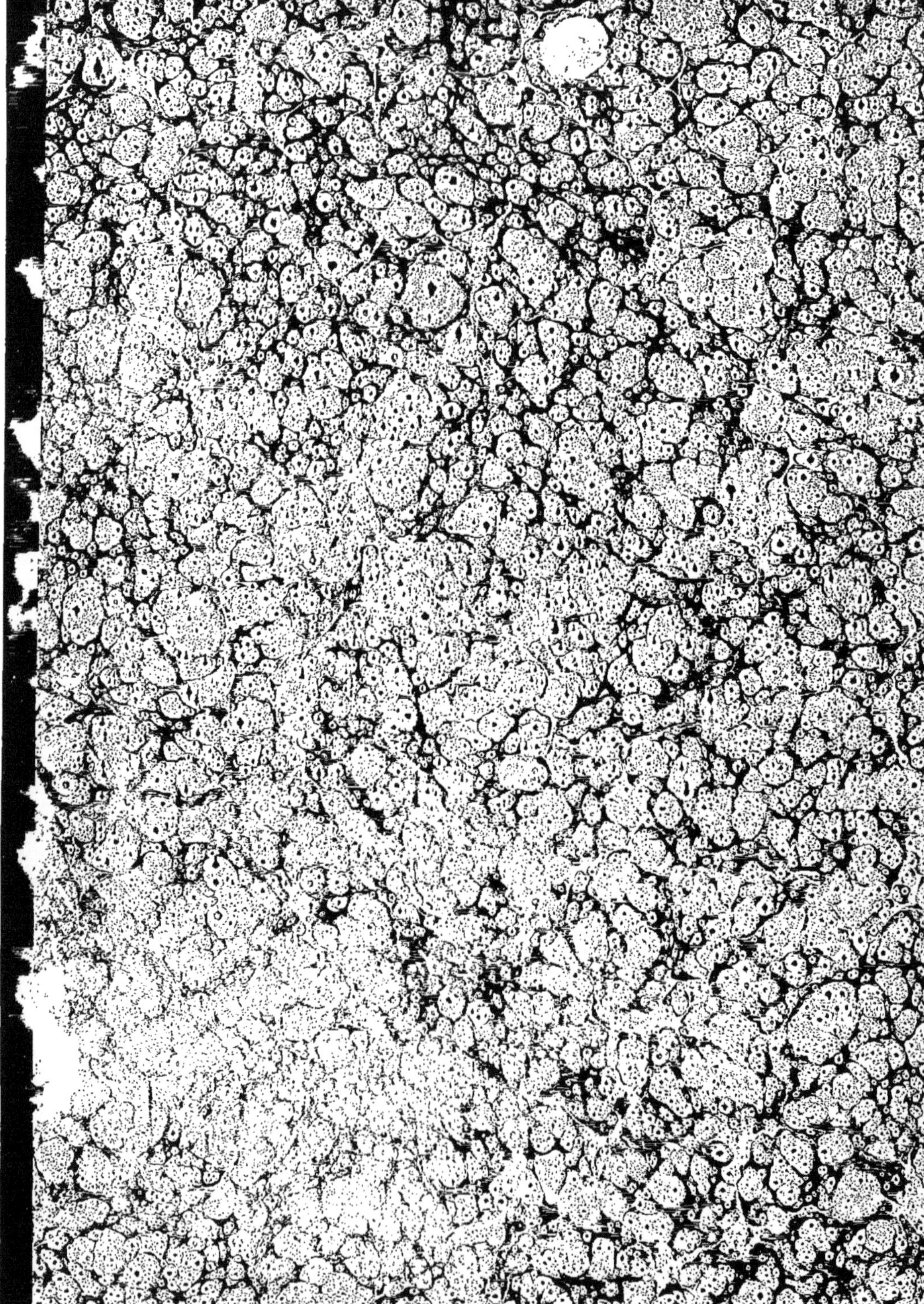

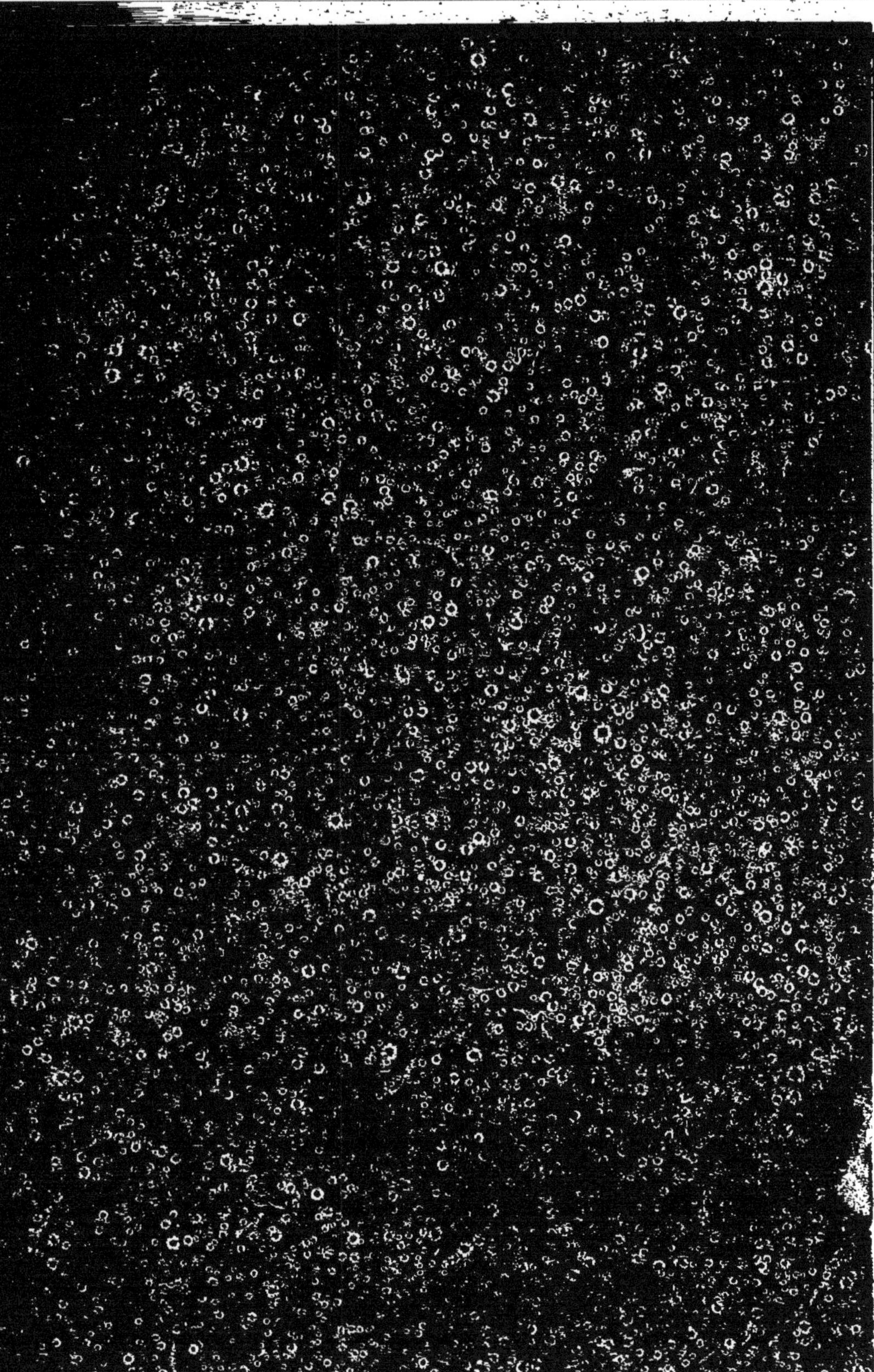

MANIÈRE

DE BONIFIER PARFAITEMENT

LES EAUX CORROMPUES.

DE L'IMPRIMERIE DE J. M. EBERHART,

IMPRIMEUR DU COLLÈGE DE FRANCE,

Rue et maison des Mathurins-S.-Jacques, N° 335;

Où se trouve le dépôt de l'Ouvrage.

MANIÈRE

DE BONIFIER PARFAITEMENT

LES EAUX CORROMPUES:

Procédé simple, économique, facile à pratiquer sur mer, sur terre, dans les villes, les campagnes, les colonies; mis en usage dans la marine de l'état à la fin de l'an 8.

Suivent des considérations chimiques sur ce procédé, et sur quelques autres systêmes analogues; ainsi que sur le dessalement naturel ou artificiel de l'eau de la mer; à quoi il a été ajouté diférentes réflexions :

1°. Sur la désinfection des viandes, par analogie avec la dépuration des eaux.

2°. Sur les causes physiques des chaleurs et de la sécheresse excessives, relativement à leurs effets sur les eaux courantes et stagnantes.

3°. Sur les précédentes notes critiques du C. Smith.

PAR LE Cᵉⁿ BARRY,

Ancien Commisssaire général de la marine, et Ordonnateur aux Colonies; l'un des fondateurs de l'Athénée de Paris.

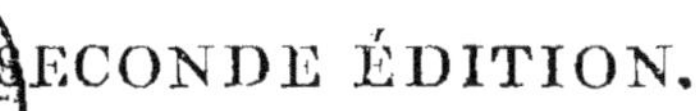

SECONDE ÉDITION.

A PARIS,

Cʜᴇᴢ { Fɪʀᴍɪɴ-Dɪᴅᴏᴛ, Libraire, Rue de Thionville, n° 185.
{ Gᴏssᴇᴛ, *idem*, palais Égalité, galerie de bois, n° 234.

AN XII.

AVIS DE L'AUTEUR

SUR CETTE DEUXIÈME ÉDITION.

Malgré l'utilité et la certitude évidentes du procédé épuratoire, tel qu'il a été développé en pratique et en théorie, dans la première édition de cet ouvrage, on voit avec regret que son usage n'a été ni connu ni introduit dans les villes et les campagnes. Cependant une foule d'évènemens désastreux prouve combien ce secours eût été nécessaire en certains lieux contre les maladies et la mortalité qui y ont fait tant de ravages, et qui sont le produit des eaux corrompues, plus que de coutume, par les chaleurs et la sécheresse excessives de cet été.

Parmi les journaux qui ont parlé de ces calamités, l'*Observateur françois*, justifiant son titre, est celui qui s'est le plus étendu là-dessus. En lisant ce qu'il en dit nos 520 et 539, les cœurs les moins sensibles ne peuvent s'empêcher de déplorer les funestes effets de l'insouciance publique et particulière dans un objet si important pour la santé et la vie des hommes. Que de maux ont résulté de cette apathie incroyable ! Il est reconnu qu'à St-Domingue la mauvaise qualité des eaux, jointe à l'insalubrité de l'air, a principalement contribué à multiplier les progrès et l'intensité de la *fièvre jaune*, ainsi que le dit avec pleine connoissance des faits, l'auteur de *l'histoire médicale de l'armée françoise à St-Domingue*.

Eh ! quels regrets n'éprouve-t-on pas quand on pense qu'il eût été possible de prévenir de bonne heure tant de malheurs, en dépurant les mauvaises eaux par le procédé dont j'ai publié la connoissance, et en désinfectant l'air dans certaines localités où les hommes sont dans le cas d'être entassés, par le procédé du citoyen Guyton Morveau !

Il n'y a qu'à la Guadeloupe où le conseiller d'état Lescallier, préfet colonial, a eu la prudence de profiter de la connoissance parfaite qu'il avoit de mon ouvrage, pour faire mettre en pratique le procédé épuratoire ; et c'est là un des grands services qu'il a rendus à l'humanité dans cette colonie.

On trouve dans les *Annales des arts et manufactures*, n° 39, l'analyse de ma première édition. J'ai jugé par là que le savant rédacteur avoit trouvé à propos de la faire connoître publiquement : mais ce journal ne se distribuant qu'aux seuls abonnés, ne peut par cette raison circuler facilement dans le commerce, ni passer par beaucoup de mains, ni convenir à toutes les fortunes ; ainsi l'article de la dépuration des eaux, connu des seuls abonnés, et noyé dans une masse d'objets non moins intéressans, tombe presque en pure perte.

Il falloit donc plus que jamais propager la connoissance spéciale de la dépuration des eaux corrompues, en la présentant isolément dans une nouvelle édition facile à acquérir par un grand nombre d'individus, dans les classes peu aisées et les plus exposées aux calamités dont nous gémissons.

C'est ce que je fais aujourd'hui, selon le desir

de plusieurs véritables amis de l'humanité.

Mais comme l'expérience et les circonstances qui se succèdent dans les sciences et les arts, amènent toujours des moyens de perfectionnement dans les conceptions de l'esprit humain, j'ai dû profiter des observations ultérieures que j'ai été à portée de recueillir pour rendre mon ouvrage plus utile, et pour ne laisser subsiter aucun doute, aucun obstacle, capables d'en entraver la propagation. Par exemple :

Quelques détracteurs, car il y en a partout, ne pouvant nier la réalité de la dépuration des mauvaises eaux, après tant d'expériences publiques, faites en grand à Brest, et en petit à Paris, ont voulu pourtant répandre des nuages sur son mérite total. Ils ont prétendu que l'eau dépurée, qui à la vérité paroissoit bonne dans les premiers momens, se corrompoit bientôt quand elle étoit gardée, parce qu'elle contenoit encore des matières putrides et dangereuses pour la santé.

Certes, une pareille insinuation, si on ne la combattoit pas avec les armes de la raison et de la vérité, seroit bien capable de dégoûter beaucoup de gens crédules, des fontaines du sieur Smith, fondées sur la même base que le procédé en grand et plus économique, dont nous nous occupons ici. Mais je vais y répondre victorieusement, sans que d'ailleurs je prenne aucun intérêt personnel à l'utile établissement du citoyen Smith, avec lequel je n'ai aucune espèce de relation.

D'abord je demanderai à ces détracteurs, la preuve de leurs assertions, et je les défie de la donner. Et quand même cela seroit, je leur dirois: Qu'est-il besoin de conserver longtemps en provision de l'eau dépurée, lorsque tous les jours et à chaque instant on peut en dépurer une quantité suffisante pour les besoins usuels? Il est donc peu à craindre que cette eau ne se conserve pas, puisqu'il est inutile de s'en approvisionner. D'ailleurs, car il faut toujours en revenir là, aimeroit-on mieux boire de l'eau corrompue, infecte, épaisse, que de la rendre bonne à l'odorat, à la vue, au goût, sous prétexte que celle-ci ne se conserveroit pas dans cet état? En vérité, il y auroit là de la démence.

Mais au fait, le prétendu inconvénient n'est qu'une supposition chimérique et malicieuse. Aux expériences que nous avons faites à Brest en l'an 8, il a été conservé pendant des mois entiers à la pharmacie du grand hospice de la marine, des vases pleins d'une eau la plus infecte possible, que nous avions dépurée, sans qu'elle ait jamais manifesté le moindre indice d'une nouvelle corruption. Moi-même j'en ai conservé longtemps un flaccon à demi plein, tantôt bouché, tantôt débouché, et jamais je n'y ai apperçu le moindre changement d'état, pas même un atôme de sédiment, tandis que les meilleures eaux qui ont passé par les fontaines sablées, forment toujours un dépôt : qu'on répète l'expérience !

Enfin, il s'agit de savoir cathégoriquement si, après la dépuration, les eaux sont saines ou non : pour toute réponse en faveur de l'affirmative, je répéterai ce que j'ai dit là-dessus dans les détails de ma troisième expérience, savoir :
» que pour ne laisser aucun soupçon sur leur
» salubrité . . . . deux individus
» avoient fait volontairement usage de ces eaux
» pour toute boisson, pendant six jours consé-

» cutifs, sans avoir éprouvé ni répugnance ni
» incommodité. » J'exhorte à lire ce passage dans
cette édition ou dans la première.

J'ai conservé les noms de ces deux individus,
ainsi que la notice de leur pays, de leur âge,
de leur position, pour constater parfaitement,
au besoin, la vérité des faits, contre l'incrédulité de mauvaise-foi, s'il en peut exister après
ce que je viens de rapporter.

Autre manœuvre du même genre. On a dé-
bité avec emphase que le capitaine Baudin,
sur le navire duquel le Ministre de la Marine
avoit fait établir par le citoyen Smith un appareil épuratoire semblable à celui qu'on éprouvoit à Brest à la même époque, s'en étoit si mal
trouvé qu'il avoit été obligé de faire tout jetter à
la mer, pour ne pas empoisonner l'équipage.

J'ignore si le fait est vrai en tout ou en partie,
et de quelle source est parti ce bruit : mais fût-il
indubitable, on ne devroit pas attribuer cet
accident aux vices de l'appareil. Trop souvent
les choses ne se font qu'à demi, sans prévoir les
suites, sans se ménager les moyens de remédier
aux inconvéniens, aux obstacles possibles. Par
exemple, après avoir monté à bord du capitaine
Baudin, l'appareil épuratoire bien conditionné,
avoit-on donné à cet officier des instructions
sur la manière de s'en servir, de le conserver, de
le réparer, etc ? Je sais bien que non ; car ma
première édition est la seule instruction complette qui ait été donnée au public, et alors le
capitaine Baudin étoit parti depuis long-temps.
Delà il peut être arrivé que l'appareil s'étant dé-
rangé par les accidens de la navigation, ou par
défaut de soin, ou par l'altération lente des sub-

stances dépuratives après un long usage, on n'ait pas su comment s'y prendre pour tout réparer, quoiqu'il fût si aisé de le faire, pour peu qu'on eût été instruit d'avance.

Un pareil événement ne pourroit plus arriver à l'avenir, ni à la mer, ni à terre, parce qu'on a un guide assuré et facile à suivre pour la pratique, dans les documens généraux et particuliers exposés dans cet ouvrage. La lecture attentive des troisième, quatrième et sixième sections suffit pour l'instruction du plus grand nombre des hommes ; tout le reste est de surérogation, et ne convient qu'à ceux qui s'occupant de recherches et de découvertes de ce genre, ont besoin de données d'après lesquelles ils puissent se diriger plus sûrement.

Si les fontaines épuratoires du sieur Smith étoient à la portée de tout le monde par leur prix et la facilité du transport ; si une seule pouvoit suffire à de nombreux besoins dans les petites villes et les campagnes, le grand appareil dont je donne la description, et que j'exhorte fortement à mettre en usage, seroit inutile : mais les fontaines du sieur Smith n'y peuvent suppléer ; car entr'autres avantages que présente l'autre appareil, tels qu'une plus grande quantité d'eau qu'on peut dépurer en peu de temps, et la possibilité d'en construire de pareils sur les lieux, on peut encore l'établir en fontaine publique, par les soins des maires et aux frais des communautés, sur les bords des étangs, des mares, même auprès des puits, puisque leurs eaux, souvent mauvaises, à cause du plâtre (sulfate calcaire) qu'elles contiennent, ou des substances animales et végétales qui s'y pourrissent, deviennent potables en passant une fois ou deux par l'appareil.

Il est bon de dire un mot sur la connoissance de la bonne ou de la mauvaise eau, par rapport au plâtre. L'épreuve consiste à voir si l'eau fond le savon et si elle cuit les légumes : en ce cas elle est bonne ; dans le cas contraire, elle est ce qu'on appelle crue, elle nuit à la digestion, et alors il faut la dépurer.

J'ai appris que les Anglais avoient fait des changemens à l'appareil ou aux fontaines, de manière à filtrer l'eau de bas en haut, d'où il résulte que les matières putrides ne peuvent pas tomber dans la masse des substances dépuratives. Je ne connois pas assez ce méchanisme ni ses résultats, pour en parler pertinemment ; mais il me semble que cela sert plutôt à compliquer le procédé qu'à l'utiliser, puisque avec le nôtre, tel qu'il est, les substances dépuratives conservent long-temps leur pureté, sauf à les laver ou à les changer comme il est dit dans ma sixième section.

Une réflexion se présente sur l'action du charbon dans le procédé épuratoire. Le mot *charbon* étonne bien des gens, parce qu'on en croit l'usage dans la dépuration, aussi dangereux que sa vapeur quand il brûle. Mais qu'on se rassure. Le charbon (oxide de carbonne) est parfaitement reconnu en chimie comme un antiputride, qui, parmi plusieurs autres propriétés remarquables, possède celles de dissiper dans certaines substances le principe odorant le plus fétide ; de décolorer les liqueurs vineuses en les décomposant ; l'esprit de vin, les eaux-de-vie de grains, le vinaigre, sans les altérer ; il ôte à l'huile rance et colorée, sa couleur et son mauvais goût ; il diminue les affections scorbutiques , affoiblit l'haleine forte et blanchit les dents ; enfin il purifie parfaitement les eaux les plus corrompues , ainsi qu'en ont jugé les plus habiles chimistes, d'après leurs expériences.

Cette petite digression me conduit par analogie , à une autre non moins intéressante , sur la désinfection des viandes , opération qui doit, pour les besoins de la vie, marcher de front avec la dépuration des eaux.

De la désinfection des viandes , par le charbon.

Le C. Cadet de Vaux a tout nouvellement publié des expériences au moyen desquelles il est parvenu à désinfecter des viandes fraîches, gâtées par la chaleur ; et à les rendre bonnes à manger.

Les membres du conseil de santé du port de Brest, par l'effet d'un zèle constant et éclairé, ont voulu répéter les premiers essais ; et ils ont également réussi. Voici comment ils s'y sont pris.

Un morceau de viande fraîche de bœuf, pesant six livres, a été déposé dans une chambre, à une température assez élevée pour produire la fermentation putride. Au bout de trois jours cette viande a été trouvée horriblement infecte, d'une couleur bleuâtre, avec des taches de moisissure et des vers. On a passé cette viande dans l'eau bouillante pour enlever toutes les ordures extérieures ; ensuite on l'a saupoudrée de charbon, enfermée dans un sac de toile ; et on l'a mise à bouillir dans une eau où on avoit jetté quelques poignées de charbon en poudre. Peu après on a retiré , lavé cette viande, pour achever de la faire cuire dans une eau pure ; de sorte qu'après la coction, la viande et le bouillon se sont trouvés bons à la vue, à l'odorat et au goût.

Un pareil résultat ne peut, comme l'on voit, être attribué qu'à l'action de l'eau bouillante et à celle du charbon, puisqu'aucun autre agent n'a été employé. La première a détaché et entraîné les molécules putrides, déja divisées par la fermentation : le charbon, par sa propriété antiseptique a arrêté les progrès de la pourriture, en lui opposant une sorte de barrière qui l'a empêché de passer plus avant ; de manière que par ces deux moyens il n'est plus resté que de la chair saine. La même chose arrive à peu près en chirurgie : c'est avec de l'eau chaude qu'on déterge les plaies, les ulcères où se manifestent des signes de gangrène ; reste à arrêter et à prévenir la putréfaction, en appliquant sur les chairs vives des antiseptiques, tels que le kina et autres substances de cette nature.

Après cet heureux essai, les mêmes physiciens ont voulu aller plus loin, et opérer sur la viande salée corrompue. J'ignore jusqu'à présent le résultat de leurs secondes expériences ; mais en le desirant favorable, je doute d'un succès complet, par les raisons suivantes.

Si la désinfection de la viande fraîche a réussi, c'est que la pourriture que cette viande avoit acquise en peu de jours n'étoit pas encore totale, mais seulement superficielle, allant de dehors en dedans. Sitôt donc que la couche putréfiée a été enlevée par l'eau bouillante, et qu'au moyen du charbon, on a préservé la seconde couche des atteintes d'une nouvelle putréfaction, la viande s'est trouvée réellement désinfectée, et il n'a plus fallu qu'achever de la faire cuire, pour la rendre mangeable.

'Au contraire, dans la viande salée en gros morceaux, la fermentation putride commence par le centre, et va de dedans en dehors, ainsi que je vais le démontrer tout simplement, sans nous jetter dans les mystères chimiques *de la destruction spontanée des matières animales,* théorie qui seroit ici tout-à-fait déplacée.

Il est reconnu en principe général qu'il n'y a pas de putréfaction dans les matières animales sans la présence de l'eau ; d'où il résulte qu'en les desséchant parfaitement, on les rend incorruptibles. Le sel commun (muriate de soude) employé à la conservation des viandes y contribue efficacement, parce qu'il absorbe l'eau qu'elles contiennent. Mais pour cela il faut que la viande soit fortement imprégnée de sel dans toute son épaisseur, autrement l'absorption de l'eau n'a lieu que superficiellement, et le centre fermente, ainsi qu'il arrive aux salaisons communes et faites avec trop d'économie, telles que celles destinées pour la subsistance des marins.

Cela posé, les moyens propres à désinfecter une viande fraîche qui n'a acquis qu'une pourriture extérieure, superficielle, ne sont pas capables de désinfecter une viande salée, dont le centre subit lentement la fermentation putride, parce que le sel n'y a pas pénétré, tandis que la surface paroît intacte. Il est même à remarquer que la viande fraîche ne pourroit nullement être désinfectée, si elle étoit putréfiée dans son centre comme à son extérieur ; puisque dans ce cas-là, lui enlever les molécules putrides, ce seroit enlever toute la chair : car que fait-on en désinfectant la viande ? On détruit, on enlève le mauvais ; mais on ne crée pas du bon pour le mettre à la place de l'autre.

Quoi qu'il en soit, il ne faut pas s'en rapporter tout-à-fait à mes raisonnemens. L'expérience prouvera si j'ai raison ou non : d'ailleurs c'est en cherchant qu'on trouve et qu'on perfectionne; et peut-être obtiendroit-on quelque succès en dépeçant la salaison soumise à la désinfection.

Je veux completter mon travail sur la dépuration des eaux, par ce que je vais ajouter ci-après.

Sur les chaleurs et la sécheresse excessives de l'été dernier.

Ces deux phénomènes, heureusement peu ordinaires, ont tellement frappé, agité les esprits par rapport à leurs funestes influences sur la végétation et sur les eaux usuelles, en général, que bien des gens, d'ailleurs très-éclairés, ont voulu remonter à leurs causes, et publier ce qu'une imagination exaltée, sans l'appui des principes physiques, leur a suggéré. Les journaux sont remplis de leurs idées inexactes, et l'opinion publique en souffre.

On a prétendu que les chaleurs et la sécheresse provenoient de la coupe démesurée des arbres répandus dans les campagnes, de la destruction des forêts, du dessèchement des marais, du défrichement des plaines, des vallons, des montagnes; de l'abaissement de celles-ci, parce que les terres et les eaux ne sont plus retenues par les racines des arbres : enfin on a été jusqu'à présumer que les climats changeoient, si bien que les températures n'étoient plus les mêmes, etc.

D'abord je répondrai à tout cela que je suis bien loin d'approuver rien de ce qui tend à diminuer la masse des arbres et des forêts, en les considérant non-seulement comme matières combustibles, mais encore comme matières indispensables pour les arts, les manufactures, l'industrie, le commerce et surtout pour la marine. Bien des pays où la consommation des bois a été excessive et jamais réparée, se sont changès en déserts. Ménageons donc les bois : brûlons autant qu'il est possible du charbon de terre, de la tourbe et autres combustibles : ayons des cheminées économiques et pourtant bien chaufantes: réservons et multiplions le bois pour les usages auxquels nulle autre matière ne peut être employée avec les mêmes avantagès : il le faut absolument; mais ce n'est pas là une raison pour ne pas redresser les conceptions erronées qui se sont glissées sur ce sujet, car rien n'est beau, rien n'est bon que le vrai.

A la vérité les grands végétaux, les grandes pièces d'eau entretiennent l'humidité, augmentent les rosées, mais ce n'est que dans leurs environs, et jamais ils ne produisent ni ne produiront des pluies générales et durables.

Quelles sont donc les véritables causes des chaleurs et de la sécheresse ? Ce sont les vents. Ceux du Nord qui avant d'arriver dans la majeure partie du sol de la France, traversent une grande étendue de terre très-peu échaufée par les rayons du soleil, et dont la surface ne contient pas degrands volumes d'eau, amènent du froid et du sec: les vents du Nord-Est, venant de la Sybérie, contrée la plus froide de l'Europe, et qui ont à parcourir de-là jusques chez nous, de vastes plaines couvertes de neige et de glace, perdent en chemin beaucoup de calorique, ne se chargent pas de vapeurs acqueuses, et nous donnent beaucoup de froid en hiver, et beaucoup de sec en été : les vents du midi à cause de leur origine sont naturellement tempérés, un peu humides, produisant des orages, mais rarement de grandes pluies : enfin les vents d'Ouest, particulièrement celui de Sud-Ouest, arrivant en peu de temps de l'Océan, ce réservoir immense d'où l'eau s'échappe sans cesse en va-peurs, pour y être ramenée liquide, par les fleuves et les rivières, nous apportent ces nuages épais qui se précipitent en pluie lorsqu'ils se sont élevés dans une couche atmosphérique assez rare, assez froide pour qu'ils soient entraînés vers la terre par la densité spécifique qu'ils ont acquise.

Voilà ce qui a été constamment observé. La classe la moins instruite parmi nous en sait plus là-dessus que bien des hommes de beaucoup d'esprit. On entend souvent des observateurs vulgaires dire bonnement : » Le vent est à la » pluie, au froid, au chaud, au sec. » et rare-ment ils se trompent dans leurs prophéties, attendu qu'ils sont éclairés par l'expérience, le premier des maîtres, et qu'ils ne s'amusent pas à bâtir des systêmes en l'air.

Nous pouvons donc conclure de-là que si l'été dernier a été si sec, c'est que les vents de Nord et de Nord-Est ont été dominans ; et que les grandes chaleurs en ont été la suite, attendu que les ardeurs du Soleil jamais tempérées par des nuages interposés, ni par aucune humidité sensible émanée de la terre, les chaleurs se sont fait vivement et constamment sentir.

Cette théorie, si bien d'acord avec les faits na-turels, suffit sans doute pour prouver que la pluie, le froid, le chaud, la sécheresse atmosphériques ne sont pas au pouvoir de l'homme. Tout ce que nous pouvons faire, c'est de remédier par notre industrie à une partie des contrariétés que les intempéries des saisons nous font trop souvent éprouver; en demeurant bien convaincus que *les écarts de la nature* ne nous paroissent des *écarts* que d'après notre façon de les voir et de les sentir, mais que la nature, nullement occupée des individus et des particularités, agit sans cesse par des loix générales auxquelles tout ce qui existe est soumis sans restriction.

MANIÈRE

De bonifier, avec facilité & économie, au moyen d'un appareil simple & solide, les mauvaises eaux à bord des vaisseaux & par-tout ailleurs.

AVIS.

CET Ouvrage a été livré à l'impression sur le manuscrit de l'Auteur, qui dans le moment étoit absent, et on ne s'est pas permis d'y rien changer ; mais il a été trouvé juste et convenable de faire mention par forme de notes, des observations, remarques critiques ou objections que le Cⁿ. Smith a bien voulu communiquer à l'Editeur, ayant été consulté, d'après le desir du Ministre de la Marine.

On a rassemblé ces notes à la fin de l'Ouvrage.

PLAN
ET CONTENU DE L'OUVRAGE.

(v)

HUITIÈME SECTION.

NEUVIEME SECTION.

Fin du plan et contenu de l'ouvrage.

AVIS PRÉLIMINAIRE.

Quoique cet écrit soit principalement destiné pour la Marine de l'État, il sera cependant aisé de s'appercevoir en l'examinant, que la Marine commerçante peut en faire son profit particulier, proportions gardées dans les différens moyens d'exécution. Tout armateur pourra en effet, à l'aide de cet ouvrage, se procurer à peu de frais, un appareil épuratoire, puisque sa construction et ses appartenances sont à la portée de tout artisan, tant soit peu adroit et intelligent dans les arts mécaniques qui y sont relatifs ; et de tout homme qui a la moindre habitude en pharmacie.

D'ailleurs, il est à présumer que dans les ports de commerce où se font des expéditions de long cours, même pour la course, il s'établira des entrepreneurs qui fourniront à des prix modérés, des appareils épuratoires complets, à tous ceux qui voudront en acheter pour leurs navires, comme il y a des fournisseurs de mâtures, gréémens, voilures, cables, ancrés, futailles, etc. On peut s'en rapporter là-dessus à l'industrie de l'homme, comme en toute chose favorable à l'intérêt personnel.

Il n'a pas suffi à l'auteur d'avoir mis dans tout son jour la pratique d'un procédé si utile pour l'humanité, sur terre et sur mer : la théorie méritoit une attention particulière; et pour offrir à l'esprit humain des données à l'aide desquelles il puisse pousser plus loin les recherches en ce genre, il a ajouté à son travail toutes les observations qu'il a été à portée de faire par lui-même, ainsi que les lumières et les faits qu'il a pu recueillir dans divers ouvrages et chez des hommes éclairés, non-seulement sur les différentes manières de dépurer les eaux corrompues ; mais encore sur les essais connus jusqu'à présent pour dessaler l'eau de mer, ce qui nous a conduit au dessalement naturel de cette eau par le sable.

Les expériences étant la base des sciences physiques et des arts, on présentera d'abord toutes celles qui ont été faites à deux différentes époques sur le procédé de

Smith, et dont les heureux résultats, parfaitement confirmés entr'eux, ont déter-
miné le Gouvernement à le faire exécuter
sur les trois corvettes armées dans ce moment au Hàvre, pour une de ces longues
et belles expéditions qui ont pour objet
d'étendre les connoissances humaines en
géographie, en histoire naturelle, en rela-
tions commerciales ; et non de ravager la
terre ou d'ensanglanter les mers.

Dans le même-temps, l'auteur a eu la
satisfaction de voir faire à Brest toutes les
dispositions nécessaires, d'après ses idées,
pour établir l'appareil épuratoire sur les
vaisseaux de l'Etat. Déja l'Amiral espagnol
Gravina étoit en possession de deux machines complettes.

Enfin, la certitude est acquise, la route
est ouverte, l'impulsion est donnée ; il ne
s'agit plus que de généraliser et de soutenir
le mouvement. Tel est le but de l'auteur ;
telle sera sa récompense.

MANIERE

De bonifier parfaitement, avec facilité et économie, au moyen d'un appareil simple et solide, les mauvaises eaux à bord des vaisseaux, et partout ailleurs.

PREMIERE SECTION.

Origine, détails et résultats des expériences faites à Brest, en l'an 6, sur le procédé épuratoire du C.ⁿ SMITH, et décision provisoire du Ministre de la Marine.

LE Gouvernement, frappé de l'utilité dont pouvoit être la découverte du Cⁿ. Smith, pour la santé et la conservation des marins, envoya l'inventeur à Brest pour y faire des expériences capables d'établir la solidité de son système.

Une commission, composée de douze membres pris dans les différens états de la marine militaire, fut nommée dans ce port, et chargée

A

de constater les résultats des procédés soumis à son examen.

Du rapport fait le 10 vendémiaire an 6, il résulte sommairement ce qui suit :

1°. L'appareil destiné pour les expériences consiste en une futaille haute de quatre pieds six pouces environ, ayant deux pieds six pouces de diamètre, portant au bas un robinet de six lignes, divisée intérieurement en compartimens et en plans où sont placés des filtres sur la nature desquels le Cⁿ. Smith ne s'est point expliqué (1).

2°. Le 27 prairial an 6, la commission assemblée a fait verser dans la futaille dix seaux d'une eau contenue dans une barique provenant du vaisseau *la Convention*, laquelle avoit été reconnue, à la dégustation, effectivement fermentée et putride. Après un quart d'heure d'attente, l'eau a coulé par le robinet d'abord foiblement et peu à peu abondamment, de manière à produire un seizième de pinte par seconde. Cette eau a été trouvée par tous les membres de la commission, très-limpide, n'ayant plus rien de putride, entièrement dépouillée de l'acide de chêne : seulement on a

_____

(1) On voit, par cet aveu, qu'à cette époque, le secret du citoyen Smith n'étoit connu de la commission en aucun point, et qu'il a fallu tout deviner ensuite, ainsi qu'on le verra dans la seconde section.

reconnu qu'elle étoit un peu lourde, et n'avoit pas cette saveur fraîche et sapide des bonnes eaux de fontaine, effet attribué à la privation d'une quantité suffisante d'air atmosphérique, et que l'on peut corriger facilement.

L'eau d'une seconde barique, d'aussi mauvaise qualité, avec quelques légères différences, ayant été filtrée de la même manière, a donné les mêmes produits.

3°. Quoique satisfaite de cette première épreuve, la commission en a fait une autre le 28 prairial sur une eau tirée du vaisseau *l'Invincible*, supposée plus corrompue que la première. En conséquence, après s'être assurée que cette eau étoit un peu plus putride, et plus chargée de corps étrangers, que celle soumise à la première épreuve, elle en a fait verser une grande quantité dans la futaille, et les produits ont été parfaitement semblables à ceux de la veille.

« Il a donc paru à la commission que
» les moyens employés par le C^{en}. Smith,
» non-seulement enlevoient à l'eau les corps
» étrangers qu'elle tient en suspension ; mais
» absorboient, neutralisoient les principes pu-
» trides qui se sont développés dans la dé-
» composition qu'elle a subie ; ensorte que ce
» qui a passé par les filtres dont il fait usage,
» est de l'eau entièrement rendue à son état

» naturel ». Ce sont les propres termes du rapport.

4°. Le 25 thermidor, la commission, pour connoître l'action des eaux les plus corrompues sur les filtres, et juger de leur durée, fit verser par-dessus dix seaux d'eau provenant des bailles de l'amphithéâtre de chirurgie, et dont les détails sont trop dégoutans pour être répétés ici. L'eau qu'ils rendirent n'avoit plus d'odeur : elle étoit limpide, et quelques personnes l'ayant dégustée, ne lui trouvèrent aucune affection putride. Cette expérience prouva dans la suite à la commission, que les filtres du C^en. Smith n'avoient rien perdu de leur vertu par la filtration d'environ quarante bariques d'eaux affectées de tous les degrés possibles de putridité ; d'où la commission a estimé qu'on n'a point à craindre d'être obligé d'embarquer pour cette destination, des quantités de matières capables d'encombrer les vaisseaux.

5°. Le produit de la filtration, à raison d'un seizième de pinte par seconde, et deux mille sept cent pintes en douze heures de jour, est plus que suffisant pour la consommation, dans vingt-quatre heures, de onze cent trente hommes, formant l'équipage le plus nombreux, à raison de deux pintes par homme, et pour compenser les déchets inévitables dans la distribution en détail. Ce produit doubleroit au besoin, en faisant filtrer jour et nuit.

6°. La commission ne voulant pas s'en rapporter au seul témoignage des sens, a invité l'un de ses membres, le C^{en}. Thaumur, pharmacien en chef des hôpitaux, à faire l'analyse chymique de l'eau filtrée.

Le compte rendu en conséquence par ce chimiste, le 10 fructidor suivant, et annexé à l'original, ne laisse, dit le rapport, aucun doute sur l'efficacité des procédés du C^{en}. Smith.

D'après toutes ces considérations, et autres relatives au même objet, la commission se croit en droit de conclure ce qui suit :

1°. Les procédés du C^{en}. Smith rendent potable l'eau croupie et fermentée dans les cales des vaisseaux.

2°. Les filtres ne communiquent à l'eau aucune qualité nuisible.

3°. L'eau filtrée n'a besoin pour être parfaitement bonne, que d'être mise en contact avec l'air atmosphérique.

4°. Cette eau n'a aucune disposition à se corrompre plus vîte que celles embarquées la première fois : peut-être même en est-elle moins susceptible.

5°. L'appareil est facile à réparer en cas d'accident : il peut occuper diverses places dans

A 3

le vaisseau sans en gêner le service, et peut être mis à l'abri en cas de combat ou de tempête : il est susceptible de différentes positions capables de se soustraire aux mouvemens du roulis et du tangage.

6°. La puissance des filtres est d'assez longue durée pour qu'ils n'aient pas besoin d'être renouvelés souvent.

7°. Les produits en douze heures de jour excèdent la consommation de l'équipage du plus gros vaisseau, outre les déchets ; et ces produits peuvent être doublés en doublant le temps du travail.

Fait à Brest, le 10 vendémiaire an 6 de la République Françoise.

Suivent les douze signatures (1).

Le rapport de la commission ayant été adressé au Ministre de la Marine par l'Ordonnateur du port, le 3 brumaire an 6, il survint une réponse officielle en date du 23, qui présentoit d'abord les observations suivantes :

______

(1) Parmi ces signatures se trouve celle du citoyen Rochon, de l'ancienne Académie des Sciences, membre de l'Institut national, astronome de la marine, lequel a cité dans un de ses ouvrages, dont nous aurons occasion de parler dans la suite, le secret de Smith et le succès complet de l'épreuve qui en fut faite, la même que celle dont on vient de voir les détails ; mais cela n'empêchoit pas que le secret ne fût perdu pour la marine, puisque l'inventeur avoit disparu sans l'avoir révélé.

1°. En 1780, le Conseil de marine, d'après le rapport d'une commission spéciale, avoit adopté une machine inventée par le sieur Bouïbe, et destinée à purifier l'eau douce à bord des vaisseaux.

2°. Cette machine fut embarquée, par ordre, sur le vaisseau *le Diadéme*, capitaine Montécler.

3°. Ce fut au retour de la campagne que le Ministre adopta la machine, d'après la délibération du Conseil de marine, du 18 janvier 1783, et que Bouïbe donna le secret de son filtre.

4°. En conséquence il fut ordonné d'embarquer cette machine sur tous les vaisseaux, et elle fut embarquée sur celui du Contre-amiral d'Entrecasteaux.

5°. D'après le compte rendu par le chirurgien major du vaisseau, il a paru constant que l'eau purifiée par ce procédé étoit préférable à l'eau des jarres de l'état major.

6°. Cependant cette machine ne s'embarque plus, sans que l'on sache quels en sont les motifs.

Le ministre, voyant deux machines également utiles, dont l'une a déja été éprouvée à bord des vaisseaux, et que le Gouvernement a achetée, il trouve important, avant de rien statuer, de faire répéter les expériences sur les deux machines, et de faire dresser

A 4

procès-verbal sur leurs avantages respectifs : à l'effet de quoi il ordonne la formation d'une commission pour faire le rapport de son travail, après lequel, est-il dit, la présence du C^n. Smith ne sera plus nécessaire dans le port.

Telle est en substance la lettre du Ministre; mais cet ordre étoit inexécutable par l'effet des circonstances ; car Bouïbe et Smith étoient partis, et la première machine, ainsi que son usage, étoient oubliés, même inconnus : la comparaison étoit donc impossible. Heureusement à la reprise fortuite, en l'an 8, des expériences du procédé de Smith , le C^{en}. Barry en cherchant les vestiges et les écrits qui pouvoient exister sur cette dernière invention, parvint à se procurer des lumières sur l'une et sur l'autre, et même à découvrir l'ancienne machine de Bouïbe, reléguée dans un magasin du port.

Mais afin de procéder sans confusion à l'examen vainement exigé par le Ministre, il y a près de trois ans, il faut à présent mettre à l'écart tout ce qui concerne le procédé de Bouïbe, pour y revenir après qu'on aura présenté la nature et la nouvelle série des expériences, observations et résultats relatifs au procédé de Smith, puisque c'est-là notre premier objet après quoi , nous aurons des données suffisantes pour établir des points de comparaison entre les deux systèmes ; et chacun pourra partir de là pour fixer son jugement sur la bonté respective de l'un et de l'autre : ainsi se trouveront remplies d'elles-mêmes les vues du Gouvernement.

SECONDE SECTION.

Origine et journal de la reprise des expériences de l'appareil de Smith, en l'an 8, avec leur résultat définitif.

À la fin du mois de floréal an 8, le C^{en}. Lescallier, Conseiller d'état, section de la marine, membre de l'Institut national, arriva à Brest, accompagné du C^a. Barry. Alors il s'agissoit d'une expédition maritime dans les climats chauds. Chacun sait combien il est nécessaire, dans ces sortes de campagnes, pour préserver les équipages et les troupes de transport, du scorbut et des maladies épidémiques, de leur fournir, pour boisson usuelle et pour plusieurs autres besoins de la vie, de l'eau agréable et salubre, avantage si rare, si difficile et si précieux pour les navigateurs, que la plupart des nations maritimes et plusieurs savans physiciens s'en sont occupés, mais en vain, ou du moins d'une manière imparfaite.

Le Cᵉⁿ. Barry, amateur de la chymie, avoit sur cet objet des vues particulières qu'il méditoit. Pour tâcher de les réaliser dans la circonstance du moment, il demanda et obtint, en présence du Cᵉⁿ. Lescallier, un entretien avec le Cᵉⁿ. Thaumur, pharmacien, persuadé qu'en traitant tous ensemble cette importante question, il résulteroit d'un concours de zèle et de lumières, quelque chose d'utile pour la marine.

Ce fut en effet dans cette conférence que le Cᵉⁿ. Thaumur cita comme très-avantageux, et malheureusement oublié, le procédé présenté, en l'an 6, par le Cᵉⁿ. Smith, avec les circonstances qui ont été succintement rapportées dans la première section, et dont il avoit été témoin et juge.

L'inventeur n'avoit confié son secret à personne, et l'on ne savoit ce qu'il étoit lui-même devenu : mais le Cᵉⁿ. Thaumur ayant, par la nature de ses fonctions, coopéré avec lui aux dispositions du premier appareil et aux manipulations des substances dépuratives qui furent employées aux expériences, avoit si bien saisi, par ses propres lumières, les principes et les détails du procédé, qu'il en pouvoit donner des idées capables d'en faire conc evoirl'utilité et la facilité d'exécution. Aussi les développemens qu'il en fit, suffirent-ils pour inspirer le desir de ressusciter ce système , et pour le faire préférer à tout autre.

En conséquence , le C^{en}. Lescallier engagea les C.^{ens} Barry et Thaumur à agir; et c'est à cette circonstance qu'est due la résurrection d'une invention importante , qui peut-être sans cela eût été perdue pour les navigateurs.

A la fin de prairial, le Conseiller d'état partit pour Paris , laissant à Brest le citoyen Barry, déja occupé de l'objet qui lui étoit recommandé , et cherchant les renseignemens nécessaires pour se remettre sur la voie.

Le C^{en}. Thaumur s'étoit , de son côté , mis en mouvement ; mais il avoit besoin d'être aidé , encouragé pour surmonter les difficultés et vaincre cette force d'inertie qui s'oppose presque toujours aux efforts que l'on fait pour opérer le bien. Ses fonctions étoient renfermées dans sa pharmacie ; hors de là il ne pouvoit rien , parce que cet objet étoit hors du cours ordinaire du service. Le C^{en}. Barry lui étoit utile au-dehors pour ouvrir et applanir la route. Enfin l'appareil que Smith avoit employé , fut retrouvé ; mais délabré et vide des substances et des accessoires qui y étoient demeurés après les premières expériences et le départ de Smith.

La construction d'un nouvel appareil, semblable au premier, fut demandé et obtenu par le C^en. Barry. Celui-ci déterra le rapport des expériences de l'an 6, avec quelques pièces relatives, lesquelles furent prises pour boussole dans la nouvelle marche qu'on avoit à tenir pour tout recommencer.

Le C^en. Thaumur, à l'aide du C^en. Delorme, ingénieur des ponts et chaussées, chargé en chef des travaux maritimes, officier aussi zélé que savant, s'étoit procuré les matières minérales qu'il lui falloit, et les faisoit manipuler, ainsi que les végétaux, de la manière qu'on y avoit procédé sous ses yeux et par ses soins, en l'an 6. Bientôt il fut en état de reprendre le fil des anciennes opérations.

PREMIERE EXPÉRIENCE.

Le 18 messidor an 8 ayant été fixé pour commencer, l'Ordonnateur du port, le C^en. Barry, un Adjudant de marine envoyé par le Commandant des armes, plusieurs chefs et officiers de l'administration générale et de santé, se rassemblèrent le matin à la pharmacie du grand hospice maritime. Là, il s'agissoit de comparer les faits nouveaux avec les faits an-

ciens pour s'assurer, de leur concordance ;
et pour juger, par l'identité des résultats, de
l'identité des procédés employés en l'an 6 et en
l'an 8. Pouvoit-on savoir, autrement que par
la similitude des effets, si le procédé qui alloit
être mis en usage, seroit exactement le même
que celui de Smith, toujours inconnu ; ou du
moins s'il vaudroit autant, ce qui au fond est
la même chose, pour l'intérêt général ? car il
ne s'agit pas ici de l'honneur de l'invention,
que le C^{en}. Thaumur ni personne ne veulent
contester au C^{en}. Smith, mais seulement de
sa mise en pratique dans la marine, au moyen
des essais qu'on alloit faire.

En conséquence, dans un tonneau moyen,
à-peu-près semblable extérieurement à celui de
l'an 6, et disposé intérieurement par le C^{en}.
Thaumur (1), on versa à plusieurs reprises une
quantité d'eau de provision depuis long-tems en
futaille, dans la cale d'un vaisseau de la rade.
Cette eau étoit jaunâtre, d'une odeur fétide,
avec un goût de bois pourri. L'homme con-
damné à une pareille boisson pendant des mois
entiers, avec des alimens salés, est sans doute

____

(1) Tous les détails concernant l'appareil et les substances
dépuratives seront présentés dans la troisième et la quatrième section C'est-là où on s'éclaircira parfaitement sur des
objets qu'il a fallu traiter séparément, pour éviter l'obscu-
rité et la confusion des idées.

un être bien malheureux : et tel est le sort du marin !

Avec quel plaisir on vit au bout de quelques minutes, couler par le robinet, d'abord foiblement, et bientôt à plein tuyau, une eau claire, limpide, sans mauvaise odeur ni mauvais goût ; en un mot, très-potable jusqu'à la dernière goutte.

Par ce seul résultat, conforme en tout point à la première expérience de l'an 6 , le double problême étoit résolu , puisque d'une part, les effets étant les mêmes , les causes devoient l'être aussi ; et de l'autre , les produits respectifs étant également bons , ils se réunissoient en faveur du systême épuratoire soumis aux mêmes épreuves à deux époques éloignées l'une de l'autre

Ce fut là un principe fondamental d'après lequel on se proposa de pousser les expériences aussi loin qu'il seroit possible , en employant même des eaux absolument corrompues, dans l'intention de pouvoir conclure du plus au moins , et convaincre l'incrédulité de bonne ou de mauvaise foi. D'ailleurs, il ne suffisoit pas d'examiner l'action des substances dépuratoires sur l'eau corrompue , il falloit encore connoître l'action de l'eau corrompue sur ces mêmes substances ; car la durée de celles-ci est une qualité indispensable.

Deuxieme Expérience.

Le 21 messidor on opéra comme on avoit fait à la précédente séance, sur une eau provenant des bailles de l'amphithéâtre d'anatomie, dans laquelle avoient croupi des substances animales. Cette eau étoit horriblement trouble et infecté : versée dans le tonneau, elle en sortit claire et sans odeur. Le C^{en}. Barry ayant eu le courage de la goûter malgré son affreuse origine, il la trouva potable et peu éloignée de l'eau commune. A la vérité, il sentit une légère impression piquante dans la bouche, soit par l'effet de la prévention, soit par quelque petit reste d'ammoniac qui avoit échappé à la dépuration ; mais ce défaut se corrigeroit aisément, en passant encore une fois l'eau par l'appareil, et au moyen de l'agitation. D'ailleurs il ne faut pas perdre de vue que c'est ici une épreuve surabondante ; car dans quel cas seroit-on obligé, sur mer ou ailleurs, d'user d'une pareille boisson ?

Au reste, et ceci est très-remarquable, cette eau, après la dépuration, a bien dissous le savon.

Satisfait de tous ces résultats, le C^{en}. Barry crut devoir en faire part au Général espagnol Gravina, homme éclairé, judicieux, plein d'ardeur pour tout ce qui intéresse la marine et l'humanité, et qui pouvoit, dans le cours des opérations, l'aider de ses lumières et de son expérience dans la navigation. Il lui proposa en même-temps de coopérer au succès, en procurant au C^{en}. Thaunnur de l'eau la plus ancienne, la plus mauvaise qui pourroit se trouver dans les cales des vaisseaux espagnols, et en assistant lui-même aux épreuves qui en seroient faites, propositions qui furent accueillies volontiers.

Si on entre ici dans beaucoup de détails, c'est pour mieux faire juger de l'exactitude rigoureuse et de l'authenticité qu'on a mises à toutes ces sortes d'expériences, ainsi que du haut degré de confiance qu'elles méritent. D'ailleurs, c'est ici un journal historique des faits et des observations : la fécondité n'y peut pas nuire.

Troisieme Expérience.

Le 9 thermidor, à dix heures du matin, ainsi qu'on en étoit convenu, on se rassembla avec le Général Gravina, dans le local accoutumé, pour y examiner trois sortes d'eau corrompue.

1°. Une eau que, par méprise, on croyoit avoir été embarquée à Cadix, depuis dix-huit mois ;

2°.

(17)

2°. Une eau qu'on croyoit prise à Carthagène depuis environ vingt mois, et sur laquelle on avoit des vues particulières à cause de la mauvaise réputation que l'eau de ce pays avoit acquise ;

3°. Une eau de marre, regardée comme le maximum de la corruption aqueuse.

Procédant à l'expérience, la prétendue eau de Cadix, trouvée épaisse, noirâtre, extrêmement fétide, est sortie de l'appareil, claire, limpide, sans aucune odeur, fraîche, agréable à boire, dissolvant bien le savon. Ainsi, malgré l'erreur qui s'étoit glissée sur son origine, comme on le verra bientôt, le résultat n'en a pas moins confirmé l'efficacité du procédé épuratoire, puisque la dépuration a été parfaite, quoique l'eau fut très-mauvaise.

L'eau présumée de Carthagène avoit été préalablement soumise à des analyses chimiques, qui présentoient de la sélénite, de la terre à chaux, plusieurs acides, des sels, du fer, même du cuivre, enfin un mélange singulier de substances dont il n'étoit pas possible de se douter ni de deviner la cause. Cette eau paroissoit rougeâtre, sans odeur, saumâtre, d'une saveur piquante et désagréable. Versée, en cet état, dans le tonneau, elle en sortit de la même manière et aussi bonne que la précédente. Par l'emploi des réactifs chimiques, elle n'a plus

B

donné les mêmes produits qu'avant la dépuration, et de plus elle a bien dissout le savon, ce qu'elle ne faisoit pas auparavant.

Un changement si grand et si sensible, obtenu dans quelques minutes , surprit agréablement le Général Gravina , qui ne s'attendoit qu'à une filtration lente , moins complette , et qui savoit depuis long-tems que les eaux de Carthagène étoient naturellement mauvaises et insalubres.

La troisième eau étoit verdâtre , bourbeuse, gluante, d'une odeur insupportable, comme toutes les eaux marécageuses. En passant par l'apareil, elle perdit tous ses vices , sans être à la verité aussi bonne au goût que l'eau de fontaine et de rivière , mais susceptible de devenir telle , en la repassant , et en l'agitant au grand air. D'ailleurs, si on se trouvoit dans la cruelle nécessité de boire de l'eau croupie, infecte , faute d'autre , combien on s'estimeroit heureux de pouvoir la dépurer au point de la rendre potable et nullement pernicieuse. Cela peut pourtant arriver à des vaisseaux, qui, dans de longues campagnes, sont forcés de relâcher où ils peuvent pour faire de l'eau , ne trouvent quelquefois que des eaux stagnantes, dangereuses pour la santé , horribles au goût, et sont obligés de s'approvisionner de cet affreux liquide. Cette considération est bien importante en faveur du procédé épuratoire , puisqu'elle augmente considérablement sa sphère d'activité.

On ne doit pas oublier de dire que les différentes qualités d'eaux dépurées jusqu'ici, avoient bien cuit les légumes ; et que pour ne laisser aucun soupçon sur leur salubrité , le C^n. Barry avoit recommandé qu'il en fût donné pour boisson usuelle à deux forçats pendant plusieurs jours , en observant la prudence dictée par l'humanité. En conséquence , deux individus avoient fait volontairement usage de ces eaux pendant six jours consécutifs , sans avoir éprouvé ni répugnance, ni incommodité.

Après des preuves aussi certaines à tous égards , sur la parfaite dépuration des eaux les plus mauvaises, il ne s'agissoit plus que de savoir si l'appareil pourroit être placé sur un vaisseau , sans difficulté et dans tous les cas. Quoique la chose eût été décidée affirmativement dans le rapport fait en l'an 6 , et qu'elle ne parût pas douteuse d'après les connoissances locales de l'intérieur d'un vaisseau et l'habitude de la navigation , le C^n. Barry crut devoir consulter tout haut le Général Gravina. Sa réponse devoit être une décision irréfragable , vu sa grande expérience et son jugement exquis : elle fut en propres termes, » que non-seulement on pourroit en placer un sur un » vaisseau , mais encore plusieurs, s'il étoit

» nécessaire ; et il ajouta qu'il vouloit en » avoir un dans la galerie du sien pour son » usage personnel et comme ornement ». Il finit pas demander que les expériences sur les eaux de Cadix et de Carthagène fussent répétées devant plusieurs Généraux et officiers Espagnols, pour qu'ils fussent témoins oculaires de tous ces faits. Cela fut convenu.

Le Contre-amiral La-touche, commandant l'armée navale françoise, n'ayant pu assister aux expériences du matin, vint le soir à la pharmacie pour savoir ce qui s'y étoit passé. On lui rendit compte de tout. Plusieurs expériences furent répétées devant lui, et il se rendit à l'évidence.

Quatrième Expérience.

Le 12 thermidor, jour pris, les généraux Espagnols Gravina, Nava, Escaño, Major-général, plusieurs officiers militaires et de santé, le supérieur des aumôniers de la même nation, le contre-amiral Gantheaume, et plusieurs autres marins françois s'étant rendus avec le C^n. Barry à la pharmacie : on y trouva deux barils étiquetés, qui avoient été adressés au citoyen Thaumur, contenant l'un de l'eau de Carthagène, l'autre de l'eau de Cadix.

La répétition autentique qui alloit être faite avoit pour objet , non-seulement de vérifier complettement le fait de la dépuration , mais encore de juger, par l'emploi des réactifs, si la véritable eau de Carthagène contenoit les mêmes substances hétérogènes qu'on y avoit trouvées trois jours auparavant ; d'autant qu'en Espagne, l'analyse chimique n'avoit pas donné de pareils résultats.

On opéra dans ces vues. En premier lieu, l'eau étiquetée *Carthagène* , étoit colorée , saumâtre, désagréable au goût et à l'odorat. Au sortir de l'appareil elle se trouva claire , limpide, fraîche et bonne , sans couleur ni odeur. Avant la dépuration elle étoit, au pèse-liqueur, plus pesante d'un degré et demi que l'eau commune ; dépurée elle devint aussi légère.

Nous omettons les détails de l'analyse que fit le Cⁿ. Thaumur, de la même eau dans son premier et dans son second état , attendu qu'elle portoit sur une base fausse, ainsi qu'on va le voir ; d'autant qu'il faut ici des faits simples, clairs, et non pas des abstractions.

Quant à l'eau de Cadix, elle avoit à-peu-près les mêmes défauts que l'autre, et elle les perdit par la même opération, avec autant de facilité.

Il étoit impossible de se refuser à des faits aussi lumineux. Plus l'examen avoit été rigoureux , plus l'approbation fut complette. Le Général Gravina, qui avoit tout observé avec sa sagacité ordinaire , dit en particulier au Cⁿ. Barry, que ce qui l'avoit le plus frappé, c'étoit que le goût saumâtre de ces deux sortes d'eau avoit totalement disparu ; d'où l'on devoit inférer qu'il ne seroit peut-être pas impossible de dessaler par le même moyen, l'eau de mer , sinon entièrement, du moins jusqu'à un certain point où elle pourroit devenir propre à quelque chose d'utile sur un vaisseau, en ménageant l'eau de provision.

Cette idée s'étoit déja présentée, parce que dans ses conceptions l'esprit humain tend toujours à monter ; et comme on n'y avoit pas renoncé , quoiqu'on prévît de grandes difficultés , on se proposa d'y revenir, dès qu'on se seroit procuré de nouveaux appareils, un seul ne pouvant suffire à tout.

Le Contre-amiral Gantheaume, témoin de ces succès , comme il avoit été témoin, par simple curiosité , de ceux obtenus en l'an 6, ne put s'empêcher de se récrier sur l'oubli d'une invention si utile , et de se réjouir en la voyant retrouvée et en si bon train.

Le Général Gravina, pressé de jouir, et de faire profiter l'Espagne des fruits d'une découverte dont il sentoit tous les avantages , demanda avec instance qu'on lui donnât au plutôt les moyens de la mettre en pratique sur son vaisseau *le Prince des Asturies*, de cent dix canons.

Tout paroissoit fini. Cependant les Généraux et officiers espagnols ayant dans le jour raisonné entr'eux sur ce qu'ils avoient vu, et réfléchi sur le goût saumâtre qui avoit été trouvé à l'eau de Carthagène, tandis qu'en Espagne on ne lui connoissoit pas ce défaut ; surpris en même-temps des substances acides, minérales et métalliques que l'analyse y avoit découvertes le 9 thermidor, voulurent, pour approfondir les choses, suivre les traces et remonter à l'origine de la première eau analysée. Dans leurs recherches ils reconnurent en effet que cette eau, ainsi que celle de Cadix, ne provenoient pas de ces deux pays ; mais qu'elles avoient été prises au port de Brest dans des citernes flottantes, avec des circonstances inutiles à rapporter ici, et qui donnerent lieu aux méprises ultérieures, sans qu'on pût savoir par quel hazard il s'étoit trouvé dans la prétendue eau de Carthagène, toutes les substances qui y avoient été apperçues.

Quant aux eaux envoyées la seconde fois, et qui avoient paru contenir beaucoup moins de substances étrangères, mais toujours saumâtres, il fut jugé que cette dernière qualité provenoit de ce que les futailles contenant ces eaux, avoient été mises dans la mer, où elles avoient pris de l'eau salée. Voilà ce qui fut rapporté au C^n. Barry par le Général Gravina.

Alors il fut résolu entr'eux que pour revenir de toute méprise, et n'avoir aucune négligence à se reprocher dans la recherche du vrai, il seroit choisi à bord des vaisseaux espagnols, des eaux de Cadix et de Carthagène, dont l'origine et l'âge seroient constatés par des certificats authentiques, et qu'on en enverroit plusieurs barils à la pharmacie, avec les précautions nécessaires pour les préserver de toute équivoque, et de toute communication avec l'eau de mer.

CINQUIÈME EXPÉRIENCE.

En attendant le jour convenable pour procéder à cet examen, il fut fait des essais particuliers sur l'eau de mer. Le C^n. Barry se trouvant à la pharmacie le 14 thermidor, le C^n. Thaumur lui dit qu'il avoit fait passer par l'appareil, de l'eau salée, et qu'il en étoit sorti de l'eau douce, mais avec des circonstances capables de faire naître des doutes. L'expérience fut de suite répétée entr'eux, avec de l'eau de mer prise à la cale de la rose, à l'entrée du port. Cette eau étoit salée, amère ; elle fut versée dans l'appareil, d'où il ne sortoit absolument rien par le robinet. Bientôt on vit couler une eau qui se trouva parfaitement douce, dissolvant le savon, sans aucun vice qui pût faire soupçonner sa qualité originelle : mais après huit à dix minutes, l'eau qui continuoit à couler, parut et devint de plus en plus saumâtre, sans avoir néanmoins repris tous ses anciens défauts. Nous jugeâmes donc sur ce premier apperçu, que la dépuration étoit imparfaite, nous réservant d'y revenir et de bien examiner.

Mais à cause de la singularité du fait, le Cⁿ. Barry emporta avec lui un flacon de la première eau sortie douce de l'expérience, dans l'intention de surprendre le soir le Général Gravina.

L'eau de ce flacon étoit très-claire et très-potable. Ce général, et plusieurs généraux et officiers françois de terre et de mer, la trouvèrent telle sans la connoître ; et ils furent fort étonnés, quand, après quelques momens d'incertitude, on leur dit que c'étoit de l'eau de mer dessalée : mais il fut fait confidence au Général Gravina des doutes qu'on avoit sur la réalité du dessalement.

Le Contre-amiral Gantheaume ayant reçu par le télégraphe l'ordre de se rendre à Paris, se disposoit à partir dans la nuit. On fut avec empressement, et à l'insu du Cⁿ. Barry, lui apprendre que celui-ci avoit trouvé le moyen de dessaler l'eau de mer ; et pour le lui prouver on lui présenta le flacon. Après avoir bien examiné, ce Général fut ravi de surprise et de joie, et dans le premier mouvement il dit qu'il vouloit emporter avec lui une bouteille de cette eau pour la montrer au Premier Consul : mais le Général Gravina, présent à la scène, l'avertit en particulier que d'après ce qui lui avoit été confié, la chose n'étoit pas certaine. Le Cⁿ. Gantheaume, pour s'éclaircir là-dessus, voulut passer à la maison où logeoit le Cⁿ. Barry, et où devoient se trouver plusieurs Généraux, officiers et citoyens, pour y passer la soirée en société.

Là, le Cⁿ. Barry, étonné de ce qui s'étoit passé en son absence, dit sérieusement au Général Gantheaume, que l'expérience n'étoit rien moins que sûre ; que dans ces sortes d'essais les apparences étoient souvent trompeuses, et qu'il ne falloit pas légèrement aller publier à Paris qu'on avoit trouvé à Brest le secret de dessaler dans un instant, et sans frais, l'eau de mer, parce qu'il faudroit probablement s'en dédire : mais, reprit le Contre-amiral, l'eau que j'ai vue et goûtée n'est-elle pas de l'eau de mer ? —— Cela peut être, lui répondit-on : un charlatan auroit beau jeu, car on a en effet versé dans l'appareil, de l'eau de mer, et il en est sorti cette eau douce que vous voyez. — Eh ! bien, c'est donc de l'eau de mer dessalée ? — Il y a plusieurs raisons d'en douter : point de précipitation. Nous ferons de nouvelles expériences ; si nous réussissons, ce qu'il ne faut pas se flatter d'obtenir, vous en serez informé à Paris. Quant à présent, tenons-nous au moyen certain que nous avons de bonifier les mauvaises eaux, puisque c'étoit-là ce que nous cherchions.

Le Général Gantheaume fut ainsi dissuadé, et partit à dix heures du soir.

Il est temps d'éclaircir ce mystère pour fournir une nouvelle preuve de la circonspection qu'on doit apporter dans les expériences de physique, et pour tenir en garde contre les jongleries des charlatans de toute espèce. Voici le fait.

Le C^n. Thaumur avoit jugé à propos de laver les substances dépuratives contenues dans l'appareil, en jetant par-dessus beaucoup d'eau commune pour enlever les dépôts qu'auroient pu y laisser tant de fluides corrompus qu'on y faisoit passer depuis si long-temps, sans cependant y reconnoître aucun signe de corruption. Cette précaution étoit nécessaire pour avoir des substances bien pures, pour les nouvelles expériences qu'on se proposoit de faire. Ce fut dans cet état de choses que fut fait le premier essai sur l'eau de mer. Il arriva donc que quoique l'eau douce qui avoit servi au lavage parût toute écoulée, puisqu'il n'en sortoit pas une seule goutte par le robinet; cependant la masse des substances en retenoit dans sa grande épaisseur, une petite quantité trop divisée, trop arrêtée par les frottemens de ses molécules avec celles des substances, pour être entraînée par son propre poids. Or, l'eau de mer versée par-dessus en grande quantité, poussoit devant elle et au-dehors le peu d'eau douce qu'elle rencontroit dans les interstices, et la remplaçoit à mesure. Ensuite, lorsque les dernières molécules d'eau douce étoient réduites presque à rien, l'eau de mer descendoit et sortoit pêle-mêle avec elles par le robinet, avec un léger commencement de salûre, qui augmentoit de plus en plus, à mesure qu'elle devenoit isolée. Ainsi la première eau recueillie au début de l'expérience, n'étoit que le reste de l'eau douce; la seconde étoit les dernières molécules d'eau douce mêlées avec les premières d'eau de mer; et enfin la troisième étoit de l'eau de mer sans mélange, mais un peu dépurée, car elle n'étoit que saumâtre, et elle dissolvoit le savon, ce qui annonçoit une décomposition chimique : de-là le foible espoir d'obtenir quelques degrés de désallement, en multipliant les degrés de dépuration. Remettons-nous au courant de nos travaux.

Sixième Expérience.

Le 16 thermidor, jour indiqué, le Général Gravina, le major-général Escaño et le capitaine de vaisseau Goardun, réunis avec le Cⁿ. Barry, et autres, se rendirent à la pharmacie. Les C^{ns}. Delorme et Ancelin, professeurs de mathématiques, se trouvèrent au rendez-vous, ainsi que plusieurs officiers de santé et autres citoyens éclairés.

Tout étant disposé, on commença par visiter deux barils, dont l'étiquette en langue espagnole, annonçoit une eau de Cadix embarquée depuis dix-huit mois sur le vaisseau *la Conception*, et deux autres barils également étiquettés, pleins d'une eau de Carthagène, embarqués avant le mois de mai 1799, sur le vaisseau *la Reine Louise :* tous ces faits étoient constatés par des certificats irrécusables. D'ailleurs ces eaux n'avoient pu contracter aucun mléange, au moyen des précautions qu'on avoit prises : ainsi l'on étoit sûr de ce qu'on alloit faire.

L'eau de Carthagène devoit attirer la première attention, puisqu'il s'agissoit de revenir des erreurs involontaires commises dans les séances

des 9 et 12 thermidor. Ayant donc été examinée dans des verres, cette eau parut trouble,
jaunâtre, puante, chargée de corps étrangers
suspendus par flocons, et impossible à goûter.

Un de ces barils ayant été vuidé dans l'appareil, il sortit bientôt par le robinet, un petit
filet d'eau claire : mais comme les substances
dépuratives pouvoient contenir encore un peu
de bonne eau, parce qu'elles avoient été lavées
après le passage de l'eau de mer, duquel il
vient d'être question, il fut jugé à propos de
laisser couler préalablement une certaine quantité de liquide, jusqu'à ce qu'on fût assuré
d'obtenir la véritable eau de Carthagène, sans
mélange ; précaution nécessaire après ce qui
s'étoit passé lors de l'essai fait sur l'eau de
mer.

Dans quatre minutes le robinet coula à plein
tuyau ; et après avoir laissé sortir dix à douze
pintes de liquide, comme on ne pouvoit plus
douter de la présence de l'eau de Carthagène
seule, il en fut reçu dans plusieurs verres pour
être examinée sous tous les rapports. Elle étoit
claire, limpide, sans couleur ni odeur, fraîche
et aussi bonne que l'eau commune de Brest ; de
sorte qu'il falloit le voir pour croire que cette eau
jaillissante étoit cette même eau si détestable,
versée tout à l'heure dans l'appareil.

Pendant plus d'un quart d'heure on ne cessa

de faire des vérifications successives : la mauvaise eau qu'on ne se lassoit pas de verser dans
l'appareil, et qui ne discontinuoit pas de sortir
très-abondamment, jusqu'à donner quarante-huit
pintes en dix minutes, se maintint jusqu'à la
dernière goutte dans son nouvel état de bonté.

Mais ce qu'il faut remarquer, comme un fait
essentiel et dont nous nous occuperons dans la
partie chimique, c'est que les Généraux Gravina
et Escaño reconnurent d'eux-mêmes que l'eau
de Carthagène, prise sur les lieux, à la fontaine,
étoit pâteuse à la bouche et d'un goût désagréable, tandis qu'après la dépuration ils ne lui
trouvoient plus les mêmes défauts : d'où il fut
conclu positivement que le procédé épuratoire
étoit capable, dans certains cas, de rendre l'eau
meilleure qu'elle n'étoit à sa source : avantage
précieux sur lequel nous insisterons dans la
sixième et la septième section.

Après cette expérience, où rien n'avoit
échappé à l'attention des assistans, on passa à
l'analyse chimique; mais il ne sera parlé des
résultats qu'à leur place. On se contentera simplement d'avertir ici que l'eau naturelle de
Carthagène est de la même qualité que celle de
puits, contenant du plâtre, plus pesante que
celle de Brest ; qu'après sa dépuration elle devient aussi légère, et qu'alors seulement elle
dissout bien le savon.

Il seroit inutile ici de s'arrêter à l'eau de Cadix, qui, étant naturellement bonne, parut, malgré sa vétusté, n'avoir acquis, à bord, d'autres vices qu'une couleur, une odeur et un goût de bois, comme il arrive aux meilleures eaux de provision. Tout cela disparut en un instant par la dépuration, et l'eau redevint aussi bonne que dans son principe.

Après des succès aussi constans, si variés, remplissant toutes les vues, toutes les conditions imaginables, soutenus de l'assentiment de tant de témoins éclairés, vigilans, intéressés par état au vrai de la chose, il ne restoit plus rien à faire que de travailler à provoquer l'exécution. En conséquence le Général Gravina se chargea d'écrire au Général Gantheaume, ainsi qu'ils en étoient convenus ensemble, et en même temps au Général espagnol en chef, Massarédo, à Paris.

En attendant l'issue, des ordres furent donnés pour procurer des ateliers du port, un appareil, au Général Gravina. On en obtint un nouveau pour la pharmacie, dans le dessein d'entreprendre d'autres essais, et de tenter le dessalement de l'eau de mer.

En même-temps le C^n. Thaumur amassoit et préparoit des substances minérales, nécessaires pour quelques appareils. Et comme le Général Gravina désiroit vivement d'en établir

un

un sur son vaisseau, ce qui exigeoit une connoissance préalable de la machine et des substances dépuratives qui devoient y être employées, tout fut disposé pour en faire une
démonstration générale en sa présence ; d'autant qu'il étoit essentiel de mettre la main à
l'œuvre : car en fait de nouveauté, d'une utilité
même reconnue, le plus difficile à faire, est le
premier pas. Dans ces sortes d'occasions, chacun
dit : « Cela est bon » ; mais personne n'agit, et
tout reste là ; triste effet de l'apathie si naturelle à l'homme, lorsqu'un intérêt pressant ne
le réveille pas.

Sur ces entrefaites le Cⁿ. Barry reçut
du Cⁿ. Lescallier une réponse qui lui faisoit connoître la satisfaction du Ministre
de la marine. Le Cⁿ. Caffarelli, Conseiller
d'état, nommé Préfet maritime à Brest, vint
prendre possession de sa préfecture. Instruit
dans les sciences et dans tous les objets relatifs
à la marine, ce chef avoit été prévenu à Paris
des nouveaux efforts qu'on faisoit à Brest pour
parvenir à établir sur ces vaisseaux l'appareil
épuratoire. Le trouvant dans d'heureuses dispositions, le Cⁿ. Barry n'eut pas de peine à
l'engager à assister à la démonstration qui devoit
se faire au premier jour, de tout ce qui con-
stituoit l'appareil, et aux expériences probantes
dont elle seroit suivie. Cette description qui fut

C

faite matériellement le 4 fructidor, en présence du Préfet maritime, du Général Gravina et de plusieurs officiers, à la satisfaction de tous, sera l'objet particulier de la section suivante, après avoir prévenu qu'en dernier résultat le C^n. Caffarelli donna des ordres généraux pour faire toutes les dispositions propres à activer l'établissement de l'appareil à bord des vaisseaux qui en seroient susceptibles par leur destination.

TROISIÈME SECTION.

Description générale de l'appareil épuratoire et de son usage sur les vaisseaux, suivie d'un tableau détaillé des dimensions respectives de chaque appareil, et de la quantité des substances dépuratives que chacun doit contenir selon sa capacité.

Le fond de cet appareil consiste en un tonneau cylindrique (1) cerclé en fer, ouvert par

---

(1) La forme employée dans le principe étoit conique, tronquée, selon l'usage ordinaire, et avoit par conséquent plusieurs diamètres ; d'où il résultoit que le chassis devant avoir un diamètre plus grand que celui de l'orifice par où il devoit passer, ne pouvoit ni entrer ni sortir. Pour

le haut, et dont les dimensions seront expliquées ci-après.

Dans la confection du tonneau on, doit, en y employant l'action du feu selon l'usage ordinaire, pousser la combustion jusqu'à ce que la surface intérieure des parois soit visiblement carbonisée. Le fond doit être également carbonisé. La raison physique de cette opération sera expliquée dans la septieme section, en traitant la théorie du procédé.

Le vieux bois de chêne ou merrein est propre pour cette construction, et même préférable au bois neuf.

Le tonneau est posé verticalement sur un piédestal solide de 12 à 13 pouces de haut, le tout bien assujetti en tout sens. Il y a lieu de croire qu'on cherchera le moyen de le suspendre, de manière que dans les plus fortes secousses du navire, il puisse conserver son àplomb, comme une boussole ou un baromètre.

Dans tout tonneau, sans distinction de ca-

éviter cet inconvénient et procurer en même-temps plus de simplicité géométrique, par rapport au calcul, en n'admettant qu'un seul diamètre, j'ai imaginé la forme cylindrique. On dira peut-être qu'avec cette forme les cercles ne seront pas solides, et pourront tomber, à cause de la position verticale du tonneau : pour prévenir cet inconvénient, peu dangereux, on peut toujours assujettir les cercles par de petites cales ou des cercles de bois en dessous.

C 2

pacité , à six pouces francs au dessus du fond , sera formée intérieurement une rangée circulaire et horizontale de petits taquets de bois , cloués aux douves , et portant sur le fond.

Il sera fait pour être posé sur les taquets un premier chassis rond , en bois blanc , d'un pouce d'épaisseur , mobile , coupé diamétralement par deux ou trois traverses du même bois , et destiné à être garni d'une grosse etoffe de laine ou étamine, comme un tamis. Au centre , en dessous , doit être adopté un fort pivot ou support de bois dur , de six pouces de hauteur , et portant sur le fond du tonneau.

On fera un second chassis des mêmes dimensions , sans traverses , lequel devra être posé immédiatement sur le précédent , et qui sera garni d'une toile double de crin ; l'un et l'autre ayant deux lignes de jeu (1).

Ces deux chassis forment un plancher assez fort pour soutenir le poids considérable des matières solides et liquides dont il doit être chargé , et en même tems un double filtre que l'eau aura à traverser pour achever sa clarification.

S'il se trouvoit entre les bords des chassis et les parois du tonneau un intervalle assez

______

(1) C'est-là une addition imaginée par le Cn. Barry. Il en sera parlé dans la septième section.

grand pour donner passage aux substances dé-
puratives , il faudroit le remplir , en employant les bords de l'étamine , ou de toute autre manière convenable.

Entre le chassis inférieur et le fond du tonneau , il reste un espace vuide , de six pouces de hauteur , destiné à recevoir les eaux qui y découleront à travers les deux tamis.

Dans le pourtour de ce réceptacle , à 4 pouces 6 lignes au-dessus du fond , sont pratiquées des ouvertures de deux pouces de large sur un pouce de haut , ou environ , comme autant de soupiraux par où s'introduira un courant d'air atmosphérique , et assez élevés pour que l'eau dépurée ne puisse pas y remonter et s'échapper dans les grands mouvemens du vaisseau.

Immédiatement sur l'étamine du chassis inférieur , on étend en forme de tapis , une couche de seconde écorce de chêne , ou de tan , en rubans contigus et croisés. L'utilité de ce tan sera expliquée dans la septième section. La même chose peut être pratiquée pour le tamis de crin.

Au niveau du fond on adapte un robinet de métal , de 9 à 10 lignes et plus ; sous lequel on place une cuvette de bois ou petite baille.

Tout étant disposé , on amoncèle sur le tamis de crin , les substances dépuratives , en les étendant horizontalement avec la main sans les presser, mais en opérant un léger tassement, au moyen de quelques secousses données pas intervalle au tonneau.

Le monceau doit remplir toute la capacité depuis le tamis de crin jusqu'à dix pouces au dessous des bords supérieurs du tonneau. On mettra par dessus une couche de trois à quatre pouces de sable, et sur le tout un plateau circulaire, en bois blanc, percé de gros trous avec une tarrière, comme un crible, et qui servira de couvercle.

On étend sur l'orifice du tonneau, une couverture d'étamine rouge ou brune, sur laquelle l'eau doit déposer en passant les corps étrangers et viciés qu'elle contient, ainsi qu'il sera expliqué dans la septieme section. Il faut que dans sa position la laine laisse des jours par ses bords pour donner issue aux vapeurs (1).

C'est sur le plateau couvert d'étamine qu'on verse modérément avec des barils ou des seaux, l'eau de la cale, pour être dépurée. D'abord elle s'étend en nape, tombe en grosse pluie sur le monceau de substances dépuratives, les traverse, et vient en quelques minutes, aboutir à l'espace vuide inférieur, entièrement depouil-

---

(1) L'idée de cette couverture formant un premier filtre, est due au C^n. Thaumur.

lée de toutes les substances nuisibles qui l'alté-
roient.

Parvenue à ce réceptacle, l'eau y contracte
par les soupiraux une premiere impression d'air
atmosphérique, propre à la bonifier. Alors on
ouvre le robinet, et on a une fontaine coulant à
volonté. Il est encore aisé de communiquer plus
d'air à l'eau en la faisant jaillir par petits filets, en
forme d'arrosoir ; en la fouillant dans la cuvette
et dans le charnier où elle doit être transportée
pour le service commun ; et enfin en l'agitant au
grand air de toutes les manières possibles ; usage
pratiqué communément sur les vaisseaux, sur-
tout pour les jarres de l'état major.

Selon le calcul que la Commission de l'an 6 a
cité dans son rapport, le produit de l'eau dépurée
doit être d'un seizieme de pinte par seconde, 225
pintes par heure, 2700 pintes en douze heures :
mais ce produit, beaucoup plus que suffisant sur
les plus gros vaisseaux, est encore foible à cause
du petit robinet de six lignes qui étoit employé,
et à la petite quantité d'eau versée dans l'appareil :
multipliez ces deux moyens à votre gré ; et le produit augmentera à proportion, ainsi qu'on l'a
éprouvé dans le cours des expériences de l'an 8 ; de
sorte que votre fontaine fournira indéfiniment
toute l'eau nécessaire, soit pour la consommation
habituelle de l'équipage et de l'état-major les
plus nombreux, soit pour les usages de toutes

les cuisines, de la boulangerie, des malades, des animaux, pour les lavages de linge, ustenciles, etc. Tout dépend en cela de la grosseur du robinet et du versement de l'eau dans l'appareil : mais il est essentiel de n'en pas verser plus qu'il n'en peut sortir par le robinet, à mesure des besoins : précaution indispensable, (1) sur laquelle nous nous étendrons dans la sixième section.

Voilà tout ce qui constitue le méchanisme, l'installation et l'usage de l'appareil épuratoire sur toute sorte de navires. Rien n'est moins compliqué, moins embarrassant, plus aisé à pratiquer. La construction, l'entretien en sont de la plus grande facilité et peu coûteux. Tout

---

(1) A l'appareil employé par Smith aux expériences de l'an 6, le robinet, suivant le rapport, étoit posé à trois pouces au dessus du fond : c'étoit là un inconvénient, attendu que pour parvenir à cette hauteur, l'eau seroit obligée de s'approcher des soupiraux, assez près pour être forcée de fuir, en pure perte, au moindre mouvement de roulis ou de tangage : au lieu qu'en plaçant le robinet au niveau du fond, la chose n'est plus à craindre, d'autant que l'on peut procurer un coulage plus abondant, au moyen d'un robinet de neuf à dix lignes, et même de deux robinets sur les vaisseaux à trois ponts; ce qui prévient les amas d'eau dans le réceptacle. Tout cela prouve combien l'expérience de la navigation est nécessaire dans toute invention relative à cet art. Ce qui est possible à terre ne l'est pas toujours à la mer.

se réduit à convertir un simple tonneau en une fontaine épuratoire, perpétuelle, commode, donnant à volonté, avec économie et sans peine, de l'eau salubre, agréable, suffisante, sur les plus gros Vaisseaux, pour tous les besoins généraux et particuliers de la vie.

Quant aux substances dépuratives, il en sera traité dans la section suivante, comme objet séparé, qui exige une attention particulière.

Pour fixer, et rassembler sous un même point de vue les dimensions respectives de chaque sorte d'appareil, je crois devoir présenter le tableau suivant, en y mentionnant la quantité de substances dépuratives que chacun doit contenir selon sa capacité.

TABLEAU des différentes dimensions à donner aux tonneaux servant d'appareils épuratoires, en raison du rang des vaisseaux, frégates et autres bâtimens pour lesquels ils seront destinés.

FORME CYLINDRIQUE.	Hauteur du tonneau.	Diamètre de dedans en dedans.	POIDS des substances dépuratives, le pied cube pesant 75 liv.
Pour un vaisseau à trois ponts....	3 p. 7 p.	27 p. 6 lig.	700 livres.
Pour tout vaisseau au-dessous.	3 4	27 »	630.
Pour une frégate ou corvette.....	3 4	26 »	577.
Pour tout bâtiment au-dessous	3 »	26 »	500.

N. B. Il eût été à desirer qu'en général tous les calculs eussent été faits d'après les nouveaux poids et mesures ; mais comme on n'est pas encore bien familier avec cette méthode, on a craint que dans la pratique d'une invention à laquelle on n'est pas encore fait, il ne se présentât des obscurités , des embarras capables d'occasionner des erreurs, et même de la répugnance. Le bien de la chose a donc exigé qu'on suivît provisoirement l'ancien usage. Le temps amenera le reste.

QUATRIÈME SECTION.

De la nature et de la préparation des substances dépuratives , conformément à ce qui s'est pratiqué aux expériences de l'appareil épuratoire, faites au port de Brest en l'an 8.

Ces substances sont un simple mêlange de charbon de bois, et de pierre à chaux, nommée en chimie , *carbonate calcaire.* Voici comme on procède à la manipulation.

1°. On pile séparément dans des mortiers, le charbon et la pierre, après les avoir concassés.

2°. On passe les matières qui proviennent de ces opérations, dans un crible de fil de fer ou de laiton , à petites mailles , et d'environ deux pieds et demi de diamètre : ce qui n'a pu passer, est pilé une seconde fois et repassé au crible.

3°. Chaque matière ainsi criblée est recueillie et mise à laver dans un crible semblable, mais à plus petites mailles , lequel est placé pour cet effet sur une baille destinée à recevoir l'eau et les particules boueuses qui tombent du crible.

4°. Le lavage doit être poussé jusqu'au point que l'eau sorte très-claire , et qu'il ne reste dans le crible qu'une poudre granulée.

5°. Dans le lavage du charbon, il se forme, en peu de temps au fond de la baille, un sédiment charbonneux, insoluble , qu'il faut recueillir et ajouter ensuite à la poudre granulée : attention nécessaire pour économiser d'autant la matière , le temps et la peine.

6°. On fait sécher la matière calcaire et la matière charbonneuse, après quoi on les mêle ensemble à volume égal , sans avoir égard au poids.

7°. Le mélange est entassé dans le tonneau , sur le tamis de crin , de la manière et avec les précautions indiquées dans la troisième section, à laquelle on renvoie pour les détails.

D'après ces explications on voit que lorsqu'on veut monter des appareils épuratoires , la première chose à faire est de se procurer de la pierre à chaux et du charbon de bois. Ces deux substances sont communes par tout · cependant la pierre à chaux exige un choix· Elle ne doit être ni trop dure , difficile à concasser et à piler, ni trop tendre, de peur qu'elle ne se réduise en une poussière fine , et ne soit entraînée presque toute par l'eau, dans l'opération du lavage (1). Au reste ces attentions sont soumises aux circonstances locales ; et quand on ne peut faire mieux, on se sert de ce qu'on trouve.

Pour connoître la pierre calcaire, il faut verser dessus un acide assez vif. Le bon vinaigre peut servir à cette épreuve. S'il en résulte une effervescence , c'est-à-dire un petit bouillonnement, la substance est calcaire.

Il peut arriver que dans une campagne autour du monde, la provision des substances manipulées soit épuisée à la longue, et que sur

______

(1) Cet inconvénient est réel, quelle que soit la qualité de la pierre calcaire; et d'après ce qu'a dit le Cⁿ. Smith, il paroît qu'elle n'entre pas dans la composition de son filtre, dont l'unique matière est le charbon de bois pilé. Cet artiste, qui a depuis obtenu un brevet d'invention, a perfectionné ses fontaines pour l'usage du public; elles réunissent l'utile de cette invention au goût et à la décoration. Son établissement est rue de Beaune, maison ci-devant de Nesle, à Paris.

les côtes où l'on aborde, il ne se trouve point de pierre à chaux, mais du granit et du sable. Dans ce cas, rare sans doute, puisqu'il est de principe en histoire naturelle, que chaque terre a son marbre, on feroit usage des coquilles et des madrépores ou coraux qu'on trouve presque toujours par bancs, ou disséminés le long des rivages. Ce sont là de vrais carbonates calcaires, sauf à les concasser et à les piler moins que la pierre s'ils sont plus tendres.

Quant au charbon, il est aisé d'en faire, par tout où il y a des arbres et des arbustes. La braise de la cuisine et celle du four sont propres au même usage, et il est prudent de les conserver pour cet effet.

Le tan ne sera pas rare non plus, puisque c'est la seconde écorce ou la peau de plusieurs arbres, principalement du chêne, du pin, etc.

Ainsi dans tous les cas et dans tous les pays où l'on peut se trouver, les navigateurs auront à leur disposition de quoi bonifier, par les moyens indiqués, les eaux les plus mauvaises.

Il n'est pas inutile de répéter ici que les substances dépuratoires, telles qu'elles viennent d'être décrites, sont par leur nature si peu altérables, malgré la quantité de liquide corrompu dont elles sont traversées, que celles qui ont servi aux nombreuses expériences de l'an 8, se sont, au bout de plusieurs mois, trouvées en bon état, sans la moindre mauvaise odeur, et toujours propres à la dépuration ; observation confirmée par celle qui est mentionnée dans le rapport de l'an 6. On peut donc être tranquille sur la durée qu'on peut raisonnablement exiger dans ces substances : là dessus je renvoie pour les développemens à la sixième section.

Et pour répondre en peu de mots à toutes les objections et contradictions imaginables, je dirai que si, contre toute probabilité, toutes les ressources venoient à manquer dans certaines circonstances extraordinaires, alors on en seroit quitte pour rentrer provisoirement dans l'état où l'on étoit avant la découverte du procédé épuratoire ; c'est-à-dire, que l'on boiroit de la mauvaise eau, comme au temps jadis, et que l'on prendroit patience jusqu'à ce qu'on eût le bonheur de reprendre l'usage de l'appareil.

Sur les pesanteurs spécifiques et les déchets des substances dépuratives, avant et après leur parfaite manipulation.

Le poids naturel du charbon de bois et de la pierre calcaire, brute, varie beaucoup, parce qu'il dépend de plusieurs circonstances en raison de leur densité. Leurs déchets sont dans

le même cas , et dépendent aussi de la main-
d'œuvre. Cependant il est à propos d'établir,
par approximation , quelques bases dont on
puisse partir pour régler les approvisionnemens
et l'emploi de ces deux substances , relativement à la quantité et à la contenance des appareils qu'on voudra monter.

	Brut.	Mani-pulé.	Déchet.
Le pied cube de charbon pèse....................	$25^{liv.}$	$14^{liv.}$	44 pour $\frac{0}{0}$.
Le pied cube de pierre cal-caire pèse.............	162	81	50
Le pied cube des deux substances mêlées à vo-lume égal, et prêtes à être mises dans l'ap-pareil		70	
D'où il résulte que 100 livres de charbon brut ne donnent à-peu-près que		56	
Et 100 livres de pierre à chaux, que..........		50	

CINQUIÈME SECTION.

Plan des mesures à prendre dans les ports pour l'établissement de l'appareil épuratoire, à bord des vaisseaux en armement.

Il doit toujours y avoir en magasin, un approvisionnement de tonneaux destinés pour servir d'appareil sur les vaisseaux, frégates, corvettes et autres navires qui seront dans le cas d'être armés pour des campagnes de long cours, et les climats chauds.

Toutes ces sortes de futailles seront construites, proportionnées et disposées conformément au tableau annexé à la description précédente : le bois vieux et encore bon, pourra, par économie, y être employé sans inconvénient. La surface intérieure, même le fond du tonneau, seront carbonisés, ainsi qu'il a été ci-devant recommandé (1).

Chaque tonneau doit avoir à part, et pour l'accompagner, les six articles suivans ; savoir :

1 Robinet de métal de neuf à dix lignes.

1 Chassis inférieur, en bois blanc, d'un pouce

----

(1) Toutes les futailles à eau devroient être carbonisées intérieurement.

d'épaisseur,

d'épaisseur, coupé diamétralement par une croix de même matière et épaisseur.

1 second chassis sans croix, de même grandeur, garni d'une toile double en crin.

1 plateau supérieur, en bois blanc, d'un pouce d'épaisseur, renforcé en dessus par une légère bande de fer circulaire : ce plateau est percé de gros trous, comme un crible, avec une tarrière, et sert de couvercle. A son centre, s'élèvera un bouton de fer, pour donner prise.

1 cuvette ou petite baille à placer sous le robinet.

1 pié-d'estal en bois de chêne, pour soutenir l'appareil, à dix ou douze pouces d'élévation.

———

6 pièces volantes, dont les dimensions seront relatives à celles du tonneau auquel elles appartiendront.

Il sera donné pour les campagnes de six mios, un tonneau de rechange, en botte, pour qu'il occupe moins de place, et toujours carbonisé intérieurement. On y ajoutera un robinet, deux cribles en fil de fer ou de laiton, à petites mailles, avec quelques aunes d'étamine blanche ou de couleur, et de toile double de crin, pour servir à deux ou trois rechanges, selon la durée de la campagne.

D

Quant aux autres articles, on trouvera à bord, tant en matières qu'en main-d'œuvre, tout ce qui sera nécessaire dans certaines occasions.

Il faut encore s'approvisionner à l'avance, (et c'est ici l'article fondamental et le plus difficile) d'une quantité de charbon de bois et de pierre à chaux, l'un et l'autre manipulé sous la direction du pharmacien en chef dans le port.

A cet effet, les matières premières seront mises à la disposition de cet officier de santé, en lui attribuant un local commode, à portée de l'eau et du port, avec des outils, instrumens, ustensiles, et les ouvriers et journaliers nécessaires pour concasser, piler, cribler, tamiser, laver, sécher et mettre en barils les substances manipulées.

Ces barils doivent être à-peu-près comme les barils à farine.

Chaque baril, plus ou moins grand, contiendra une quantité déterminée de substances dépuratives, de manière qu'on puisse en délivrer à chaque bâtiment ce qu'il lui en reviendra, à raison de la contenance de son appareil, et de la durée de la campagne, ainsi qu'il est expliqué dans le tableau déja cité. Il sera ajouté à la totalité des substances, dix pour cent pour les déchets.

La pierre à chaux sera ramassée dans les environs du port, et transportée au lieu destiné pour la recevoir. Celle de Brest est en général dure, mais susceptible de manipulation, avec un peu plus de peine, et très-bonne pour l'emploi auquel elle est destinée : il y en a abondamment sur les bords de la rade, du côté de l'isle longue, et c'est de là qu'il faut l'extraire. Le long de la Loire, du côté de Tours, cette pierre est abondante et bonne, ainsi qu'à Rochefort. Finalement, on trouve par-tout de la pierre calcaire ; ainsi, on ne sera jamais dans le cas d'en manquer, sauf à choisir les meilleures qualités, quand on le pourra.

La seconde écorce du chêne ou le tan, sera facile à trouver en tout temps : d'ailleurs, il en faut peu.

A l'armement, le corps de l'appareil, ses accessoires, ses rechanges, ainsi que les barils de substances dépuratives qui auront été livrés au vaisseau, seront portés sur l'inventaire, à l'article et à la charge de l'officier de santé en chef, pour en rendre compte au désarmement.

SIXIÈME SECTION.

Plan des mesures à prendre sur les vaisseaux et autres bâtimens pour l'installation et l'usage de l'appareil épuratoire pendant la campagne.

L'appareil et tous ses accessoires seront reçus en bon état, du magasin général, par l'officier de santé en chef du vaisseau.

Cet officier, et particulièrement le **premier** pharmacien, seront chargés à bord, de la conservation, direction, manutention, consommation de tout ce qui est relatif à l'appareil et à son usage, sous les ordres du capitaine.

Le local le plus convenable au placement de l'appareil, sera désigné par le capitaine, **et** combiné de maniere qu'il soit :

1° .à l'abri de tout accident, et nullement gênant, soit pour la manœuvre, soit dans les cas de tempête ou de combat ;

2°. parfaitement assuré contre les mouvemens de roulis et de tangage ;

3°. à portée de la cale et des gaillards, pour faciliter le double transport de l'eau, avant et après la dépuration ;

4°. dans un lieu susceptible d'un courant d'air extérieur.

L'appareil étant installé dans ce sens, disposé intérieurement et extérieurement pour l'épuration, d'après la description qu'on a vue dans les troisième et quatrième sections ; on lui affectera quelques hommes intelligens et de bonne volonté. Lorsqu'on voudra s'en servir, on apportera de la cale, avec des seaux ou des barils, suivant l'usage, l'eau trouvée susceptible d'être dépurée, et l'on agira de la maniere qu'il a été expliqué.

La premiere eau versée et reçue, devenue, pour ainsi dire, lexivielle, doit être recueillie soigneusement, parce qu'après avoir passé et repassé plusieurs fois par l'appareil, elle finira par être claire, bonne et fraîche. On peut aussi sans attendre ce dernier état, s'en servir pour divers usages qui n'exigent pas une eau parfaite ; mais dans tous les cas, cette eau, quoique encore blanchâtre, aura perdu son odeur, et par conséquent sera propre à bien des choses.

Dès que la fontaine donnera de l'eau potable, on aura la faculté de la recevoir au robinet, mais sans le moindre dégât, avec des verres, des tasses, des écuelles, des pots, des bidons pour les menus détails, ou de la puiser à la cuvette dans laquelle elle coule, avec une gamelle ou autre ustensile convenable, pour la verser dans les vases propres à la transporter aux cuisines, à la boulangerie, au poste des malades et aux autres endroits indiqués.

Il y aura, suivant la coutume, un ou plusieurs charniers qui seront jour et nuit tenus propres et pleins, et où on battra l'eau, quoique dépurée, pour l'améliorer encore par l'impression du grand air, ainsi qu'on le pratique de tout temps.

Afin de ménager les substances et le travail, on consommera l'eau de la cale sans épuration, pendant le premier mois de campagne, et tant qu'elle sera bonne; mais sitôt qu'on s'appercevra de quelque détérioration, on aura recours à l'appareil.

La même chose sera observée dans les relâches, où l'on pourra faire de l'eau naturellement bonne; mais si cette eau nouvelle avoit quelque vice, on se serviroit tout de suite de la dépuration : par exemple, l'eau de Carthagène est de sa nature, mauvaise au goût, crue, parce qu'elle contient de la sélénite. Il faudroit donc se hâter de lui enlever ce principe nuisible par le moyen de la dépuration (1),

---

(1) Il seroit possible d'opérer cette dépuration au moment où la mauvaise eau arriveroit à bord, et avant de la transvaser dans les futailles de la cale. Quels avantages ne résulteroient pas de cette précaution, puisqu'on ne mettroit en provision que de l'eau bonifiée, au lieu d'une

et bientôt on la rendroit excellente ; ainsi, à plus forte raison, des eaux stagnantes, marécageuses, dont on seroit obligé de se pourvoir, faute d'autres, dans certains pays où l'on peut aborder.

Pendant la durée de la dépuration, il faut avoir attention de ne verser successivement dans l'appareil que des quantités d'eau en raison de la sortie par le robinet, et à mesure des besoins ; de peur que l'eau trop abondamment versée, s'amassant et s'élevant plus qu'il ne faut dans le réceptacle inférieur, ne fuie d'elle-même par les soupiraux, ou par l'effet du roulis, ce qui serait une vraie perte. Cependant, avec un gros robinet, et même deux, qu'on lâche tant ou si peu qu'on veut, il n'est pas à craindre qu'on puisse jamais être gagné par l'eau, à moins d'une négligence punissable ; car tout ce qui est amassé dans le réceptacle peut en un instant s'écouler dans la cuvette.

De temps en temps on aura soin de secouer la couverture d'étamine étendue sur l'orifice du tonneau, et de la nettoyer de la lie infecte qui s'y amasse.

---

eau qui gâte la futaille et augmente sa propre corruption. Cela n'empêcheroit pas que, dans l'usage en détail qui en seroit fait, on ne la dépurât une seconde fois. Cette mesure mérite d'être prise en considération.

Si l'on s'apperçoit, après un certain tems de service, que l'eau sortant de l'appareil, a quelque défaut de couleur, d'odeur ou de goût, on lavera les substances, sans déplacer, en y passant et repassant la même eau, jusqu'à ce qu'elle coule sans aucune mauvaise qualité : ainsi l'eau lexivielle ne sera nullement perdue, puisqu'elle redeviendra bonne, ou que, parvenue à un certain dégré de dépuration, elle pourra servir à plusieurs usages, comme la première fois qu'on se sert de l'appareil.

REGLE GÉNÉRALE : on doit faire ensorte d'avoir sans cesse et suffisamment de la bonne eau, sans en perdre une goutte. L'habitude, un peu de bon sens et d'adresse, rendront tout facile dans la pratique.

Après deux ou trois mois de service et divers petits lavages des substances, tels qu'ils viennent d'être expliqués, si on n'obtenoit que de l'eau viciée, il faudroit se dépêcher de déplacer ces matières, pour les laver à plein dans des bailles, avec de l'eau passablement épurée, et dont on tireroit encore parti pour abreuver les animaux. Ensuite on les feroit sécher, et on les amonceleroit après, dans l'appareil, comme primitivement. On y ajouteroit même un peu de matière nouvelle pour suppléer aux petits déchets. Cette opération est ce qu'on doit appeler grand lavage, pour le distinguer des petits lavages.

Enfin , quand on y est forcé par un très-long emploi, on change la totalité ou la partie des substances qui ne peuvent plus servir.

Dans ces occasions , si l'étamine et la toile de crin des deux chassis inférieurs se trouvoient en mauvais état , on les changeroit. Il en seroit de même du tan , lequel, si la provision étoit épuisée , seroit facile à remplacer, dans les pays boisés, puisque c'est la seconde écorce , ou plus exactement , la véritable peau du chêne , du pin et de la plupart des autres arbres.

Il est bon ici de calculer l'emploi successif des substances embarquées, en supposant une campagne de six mois, pour en régler l'approvisionnement d'après la consommation, et réciproquement la consommation d'après l'approvisionnement.

Le premier mois est nul pour la consommation : c'est donc un mois de campagne nul pour la dépuration, ci . . . . 1 *mois.*

Dans le second et le troisième mois , la première garniture est employée constamment, au moyen de quelques petits lavages, s'il est nécessaire : voilà donc deux mois écoulés avec l'épuration, ci 2

Le quatrième mois, et après un grand lavage dans des bailles, l'emploi est repris et continue, ci 1

Total . . . . 4 *mois.*

La première garniture suffit donc pour les quatre premiers mois : ainsi, ce n'est, à la rigueur, qu'au cinquième mois de campagne, qu'on pourroit avoir recours à la seconde garniture jusqu'à la fin ; d'où il résulte que deux garnitures sont beaucoup plus que suffisantes pour une campagne de six mois, et que dans une prolongation de deux mois elles suffiroient encore.

Il faut répéter ici que dans une campagne extraordinaire, pendant laquelle les trois ou quatre garnitures de substances qui auroient été embarquées, en raison de sa longueur, viendroient à être épuisées, on seroit à même de suppléer à leur défaut par la pierre à chaux et le charbon de bois qu'on pourroit se procurer dans tous les pays lointains où l'on aborderoit, et que l'on manipuleroit suivant la méthode ci-devant expliquée. La braise des cuisines et du four peut servir comme le charbon.

A la place de la pierre à chaux, on se serviroit des coquilles et des madrépores amassés le long des rivages de la mer, et qui sont de vrais carbonates calcaires. Le sable même ne seroit pas à négliger, en l'employant dans la proportion d'un tiers sur deux tiers de charbon, en volume seulement, et non en poids, ce qui est bien différent.

S'il arrivoit que l'eau douce de provision fût

dans le cas de manquer, à cause de ces calmes longs et fréquens auxquels les navigateurs sont exposés dans certaines latitudes, on se serviroit du tonneau de rechange pour dessaler, autant qu'il seroit possible, l'eau de mer, en la passant à plusieurs reprises par l'appareil, jusqu'à ce qu'elle ne fût plus que légèrement saumâtre, et qu'on pût, par cet expédient, économiser l'eau douce, en la réservant toute entière pour la boisson des hommes. Enfin, quand il faut s'empêcher de mourir de soif, quelques degrés de dessalement de l'eau de mer, obtenus par la dépuration, deviennent une ressource inappréciable.

Quand le besoin d'eau est passé, on n'a qu'à laver les substances qui y étoient employées ; et elles deviennent encore propres à l'épuration ordinaire, sans perdre l'eau de lavage, attention qu'on ne peut trop recommander.

Il sera aisé de remédier aux avaries de toute espèce que pourroit essuyer le tonneau, moyennant le tonnelier, et les autres ouvriers du bord. Les matières propres aux réparations, et en général les ressources, ne manquent pas sur les vaisseaux. Des cercles de bois peuvent même tenir lieu de cercles de fer, ou servir à renforcer ceux-ci.

C'est à la prudence, à la sagacité et au zèle

des officiers de santé qu'est confié principalement le soin de tirer du procédé épuratoire tout
l'avantage possible pour le bien-être de l'état-
major, de l'équipage et des troupes de transport
quand il y en a, puisqu'ils sont spécialement
chargés de conserver la santé et la vie de tant
d'hommes précieux. Eh ! comment rempliroient-
ils ce devoir sacré ? Comment préserver les marins des fièvres putrides, si on ne leur donne
à boire qu'une eau qui porte avec elle les principes de la putridité ? Comment les garantir du
scorbut, si ces infortunés ne peuvent se désal-
térer, se rafraîchir la bouche avec de l'eau
exempte d'infection, lorque leurs gencives sont
enflammées par l'eau-de-vie, déchirées par les
viandes salées coriaces, et par le biscuit dur
que leur dents usées sont chaque jour forcées à
mâcher douloureusement ? Quelle alternative
pour l'homme de mer ! Est-il contraint par une
soif ardente, à boire de l'eau ? il éprouve une
sensation horrible et s'empoisonne lentement.
S'abstient-il ? Tout l'intérieur de la bouche se
corrode, s'ulcère ; ses digestions sont mauvaises,
la pourriture se forme, passe dans le sang ;
delà ces épouvantables maladies épidémiques
qui font tant de ravages dans les longues na-
vigations, dont j'ai pensé plusieurs fois être la
victime, et desquelles personne à bord n'est
exempt, sur-tout les officiers de santé, plus expo-

sés que personne au danger, parmi des malades et des mourans.

D'ailleurs, l'eau mauvaise gâte tout ce qui ne peut se passer de son secours. Elle fait du mauvais pain, de la mauvaise soupe, de la mauvaise tisanne; et jusqu'à son usage pour faire la barbe, ses effets sont tous désagréables et même nuisibles. Aussi, combien d'eau ne jette-on pas, faute de pouvoir la boire ou s'en servir pour d'autres usages indispensables! Combien d'alimens ne rebute-t-on pas, parce que l'eau dans laquelle on les a fait cuire, leur a donné mauvais goût! Concluons donc que la mauvaise eau est un véritable fléau pour les marins.

Que ces effrayantes considérations fassent bien sentir la nécessité d'avoir sans cesse sur les vaisseaux de l'eau salubre, agréable et abondante, telle que la donne la dépuration, en y ajoutant de plus un degré sensible de fraîcheur, qualité bien précieuse dans les chaleurs de la zône torride. On ne se figure pas à terre, lorsque l'on jouit habituellement et sans en sentir le prix, de l'usage des eaux vives, le bien, le plaisir que fait sur mer, dans un moment d'altération violente, ou dans le feu du combat, un verre d'eau pure et fraîche.

Quoiqu'un si grand bienfait soit assuré par les moyens les plus aisés, il faut néanmoins que les officiers de vaisseau, les officiers de santé, et tous les navigateurs, pour leur propre intérêt, s'occupent des améliorations que leurs lumières et l'expérience leur suggéreront. C'est ici une invention neuve, conservatrice de l'espèce humaine : tout ami de l'humanité doit travailler à la pousser plus loin qu'il n'a été possible de le faire dans les premiers essais.

Dans toutes les occasions et au désarmement, le capitaine et l'officier de santé en chef, même le premier pharmacien rendront compte, par écrit, de tout ce qui se sera passé de remarquable au sujet de l'appareil épuratoire, et des perfectionnemens dont il aura été ou pourra être susceptible.

SEPTIÈME SECTION.

Considérations chimiques sur le nouveau procédé épuratoire, et sur quelques autres systêmes analogues, parmi lesquels l'essai du mercure.

En traitant à fond et de la manière la plus intelligible, ainsi que j'ai tâché de le faire, la partie purement pratique du nouveau procédé épuratoire, j'ai d'abord pensé aux hommes à qui cette première connoissance suffit pour en établir l'usage sur les vaisseaux de l'État, et pour en propager la jouissance en faveur de l'humanité en général, et des marins en particulier : pour cela, il ne falloit que des faits clairement énoncés.

La partie hypothétique devoit être réservée , comme objet de spéculation, pour ceux qui s'occupant des sciences et de leur application aux arts et à tous les objets d'utilité, recueillent les clartés éparses, pour les élaborer, et en former des faisceaux de rayons lumineux.

Nous ne ferons donc ici qu'éfleurer la matière, de façon à en dire assez pour les curieux, et pas trop pour les savans.

On trouve dans les Annales de Chimie, du mois de juillet 1793, un Mémoire *sur la dépuration de l'eau corrompue*, lu à la Société économique de Pétersbourg, le 18 septembre 1790, *par M. Lowitz*. Son procédé consiste dans un filtre composé de poussier de charbon , et dans l'addition d'une petite quantité d'acide sulfurique.

L'auteur, après un grand nombre d'expériences sur la propriété dépurative du charbon , avoit vu avec satisfaction qu'il possédoit la propriété d'ôter presque subitement à l'eau la plus corrompue, sa mauvaise odeur : de nombreux essais l'avoient convaincu qu'il ne s'étoit point trompé.

Je dois, de moi-même, ajouter à cette observation, qu'outre la propriété dépurative, le charbon possède encore celle d'être incorruptible, ce qui en prolonge indéfiniment la durée, dans son emploi dépuratif, et c'est-là un avantage essentiel.

Il paroît que c'est sur cette base que le C^n. Smith a fondé son système, avec le mérite appartenant à lui seul, de l'avoir rendu facile à pratiquer en grand, sur les vaisseaux, moyennant l'appareil ingénieux, simple, solide, économique, qu'il a imaginé, en laissant à l'écart tous les détails minutieux et inutiles, dont les procédés de Lowitz sont accompagnés.

C'est en effet le charbon qui constitue le fond du nouveau procédé de Smith. Mais celui-ci, au lieu de réduire le charbon en poussier, ne l'emploie qu'en poudre granulée, au moyen des manipulations déja expliquées dans la quatrième section. On a ajouté à cette substance, du carbonate calcaire en même volume et consistance, sans avoir égard au poids, et manipulé comme le charbon. Par cette addition, il se procure non-seulement un supplément d'acide carbonique qui économise le charbon, mais encore un petit reste de matière calcaire, qui peut servir à dissoudre les particules de substances animales que fournissent à l'eau, la maturité et la réproduction successives et continues, des animal-

cules

cules aquatiques, et à rafraîchir l'eau en sou-
tirant par attraction, une partie de son calorique.

L'addition du carbonate calcaire peut encore
avoir pour objet de rendre moins pâteuse, quand
elle est humectée, la poudre charbonneuse, de
l'empêcher, en la contenant, de surnager par
sa légèreté spécifique, et de former un tout perméable, d'une densité suffisante.

Il est encore deux choses ajoutées aux procédés de Lowitz : la première est la laine ou
l'étamine du chassis qui porte le tas des substances charbonneuses : la seconde est le tan dont
cette laine doit être couverte : l'un et l'autre forment un nouvel obstacle que l'eau doit traverser
au sortir du tas. Par rapport à la laine, je demanderai comment elle peut, en si petite quantité, agir chimiquement dans la dépuration d'une
immense quantité d'eau. Nous ne lui suppo-
serions pas un pareil objet, si l'inventeur n'avoit
pas annoncé dans les journaux, qu'il employoit
dans son procédé, des substances des trois règnes
de la nature ; et comme nous n'y connoissons
du règne animal, que cette laine, il y a lieu
de croire qu'il la considère comme un de ses
agens chimiques : n'importe.

Quant au tan, il n'est pas douteux qu'il ne
soit propre à resserrer les fibres de la laine, par
la vertu astringente de son acide gallique, à lui
donner plus de consistance en se combinant

E

avec elle, et à la préserver ainsi de la promte dissolution que lui causeroient le passage continuel de l'eau, le poids et le contact des substances pesantes dont elle est sans cesse chargée.

C'est la juste crainte de cet inconvénient qui m'a inspiré la précaution de couvrir immédiatement le chassis de laine et le tan, d'un second tamis de crin, substance animale comme l'autre, mais beaucoup plus forte, moins spongieuse, résistant à l'humidité, et qui doit, par conséquent, fournir un double préservatif à la laine, sur-tout si on la couvre de tan, comme l'autre.

La couverture de laine, étendue sur l'orifice du tonneau, a été très-heureusement ajoutée, par le C^n. Thaumur, pour former un premier filtre où l'eau doit en passant déposer les corps grossiers et infects qu'elle tient en suspension. Ce moyen est si utile, que, dans nos expériences de l'an 8, il s'est toujours amassé sur la laine, une lie épaisse, noire, puante, qui auroit certainement nui aux substances dépuratives, si elles y avoient pénétré : mais comme cette couverture, si elle étoit exactement appliquée, pourroit s'opposer à la sortie des substances gazeuses qui doivent naturellement s'élever de l'intérieur, pendant le passage de l'eau, par l'effet de quelque décomposition chimique, il est à propos de laisser des issues aux bords de l'étamine, en la laissant un peu flottante. Voilà donc un supplément de moyen, assez utile et assez simple pour qu'on l'emploie avec empressement.

Au reste, la dépuration, telle qu'elle soit, ne restitue pas d'elle-même à l'eau l'oxigène qui lui manque, et qui doit faire sa première bonté. Il n'y a que l'agitation du fluide aqueux, et son contact multiplié avec l'air atmosphérique, qui puisse opérer un effet si salutaire et si aisé à obtenir sur la mer.

Après toutes ces observations, il paroît superflu d'examiner la question de savoir si la dépuration de l'eau se fait ici par des actions, des décompositions chimiques, ou par simple infiltration; ou bien par les deux moyens à la fois, ainsi que je le pense. Cependant, il importe de résoudre rigoureusement ce problême, parce que, s'il ne s'agissoit que d'une simple infiltration, l'on auroit recours à des matières qui seroient préférables aux substances charbonneuses et calcaires, vu la facilité de se les procurer et de les préparer avec beaucoup moins de peine et de dépense, telles, par exemple, que le sable.

Déja quelques hommes éclairés avoient, au premier coup-d'œil, adopté cette opinion. Ils prenoient pour terme de comparaison les fontaines sablées, dont on se sert généralement à Paris, et les pierres à filtrer dont on fait usage dans d'autres pays, sur-tout aux Colonies.

Mais on ne considéroit pas que les eaux qu'on soumet à ces sortes d'infiltrations, n'ont d'autre défaut que d'être troubles, épaissies par les sables et les terres qu'elles charrient, telles que l'eau de la Seine, et de la plupart des rivières ; ce qui, après les pluies, fait dire aux Parisiens, que l'eau de la rivière *se couperoit avec un couteau.* Dans cet état, il est vrai que la simple infiltration suffit pour clarifier l'eau, parce qu'elle se dépouille à travers le sable, des corps étrangers qu'elle tient en suspension, et qui ne sont pas assez deliés, assez glissans pour suivre les molécules aqueuses dans les sinuosités et les interstices du filtre ; après quoi, elle reste pure, et reprend sa bonté première.

Mais une pareille infiltration ôteroit-elle à l'eau, la couleur, l'odeur, la saveur désagréable, la crudité que lui auroient communiquées la corruption ou la présence de certaines substances chimiques tenues en dissolution ? S'il étoit ainsi, les habitans de Paris ne manqueroient pas de faire passer par leurs fontaines sablées, l'eau de leurs puits, au lieu de l'eau de la Seine, pour éviter les frais de transport : car enfin, ces eaux de puits provenant de la rivière par infiltration, sont très-claires, très-fraîches : pourquoi ne les filtre-t-on pas pour les rendre potables ? La chose seroit sans doute plus aisée et nullement coûteuse, puisqu'on a l'eau chez soi. Combien cette ressource seroit utile quand la rivière charrie, quand elle est très-basse en été, quand elle est prise dans les fortes gelées, et que les porteurs d'eau ont tant de difficultés à faire leur service ! Voici probablement la raison contraire.

Les eaux de puits contiennent presque toutes du sulfate calcaire en dissolution. Cette substance gypseuse rend cette sorte d'eau désagréable au goût, incapable de fondre le savon et de cuire les légumes. Sans doute, après beaucoup d'expériences infructueuses, il a été reconnu que la filtration par le sable ne lui enlevoit pas ces mauvaises qualités; et enfin on y a renoncé pour toujours, pour s'en tenir à l'eau de la rivière.

L'infiltration n'enleveroit pas davantage à l'eau les autres substances qui lui seroient intimément unies par des attractions chimiques, telles que les acides, les alkalis, les sels, l'azote, et autres ; parce que leurs molécules indéfiniment déliées, et incorporées aux molécules aqueuses, s'échappent avec celles-ci à travers les interstices du sable, de la pierre de grès ou de tuf, sans qu'aucune contractation ou réaction les arrête et s'en empare en chemin.

C'est, entr'autres exemples à citer, ce qui est arrivé à la machine de Bouïbe, laquelle

E 5

n'agissant d'abord que comme force motrice pour agiter l'eau avec violence, et ensuite par infiltration, ne produit qu'une dépuration très-imparfaite, ainsi qu'on le verra dans la section suivante.

Il n'en est pas de même de la dépuration par le charbon et la chaux, opération vraiment chimique, où tout se passe en même-temps par la voie de l'infiltration et par celle de la combinaison. C'est de cette double manière que les eaux bourbeuses et infectes se clarifient d'une part, et de l'autre abandonnent les substances acides, alkalines, salines, ammoniacales, qu'elles tenoient en dissolution. Rien n'est plus démonstratif là dessus, que ce qu'on a vu dans nos expériences : par exemple, l'eau cadavereuse contenant naturellement de l'ammoniac, est devenue à l'instant potable : l'eau marécageuse, contenant aussi de l'ammoniac, plus de l'acide carbonique produit par les débris des végétaux, a subi la même métamorphose : enfin la véritable eau de Carthagène qui, outre son sulfate calcaire, s'étoit si fort corrompue dans des futailles où elle avoit séjourné pendant vingt mois environ, est devenue très-bonne, et dépouillée de sa sélénite.

Il est à propos de donner ici l'analyse chimique de cette eau, renommée par sa mauvaise qualité (1).

Avant la dépuration.

1°. Au pèse-liqueur, l'eau de Carthagène simplement passée au filtre de papier, s'est trouvée au degré ordinaire de l'eau commune de Brest.

2°. La même eau a précipité l'eau de Goulard (acétide de plomb).

3°. Le nitrate d'argent n'y a pas démontré la présence du muriate de soude.

4°. La teinture de tournesol n'a pas rougi ; par conséquent point d'acide carbonique.

5°. Avec la teinture de noix de galle, point de fer, non plus qu'avec le prussiate calcaire.

6°. Avec l'ammoniac, aucun indice de cuivre.

7°. Avec le nitrate de mercure, aucun léger muriate calcaire.

8°. Avec l'eau de chaux, très-légère couleur rouge , annonçant un peu d'acide carbonique.

---

(1) Cette analyse a été faite aux expériences du 16 thermidor an 8, à la demande et en présence de plusieurs Généraux et officiers espagnols. Ces marins étoient curieux de connoître ce qui rendoit naturellement mauvaise l'eau de Carthagène , et de revenir sur les méprises qui avoient eu lieu le 9 du même mois , ainsi qu'on l'a vu dans la seconde section.

E 4

9°. Avec le carbonate de potasse liquide, nul précipité qui annonçât la présence de la magnésie.

Après la dépuration.

10°. L'eau de Carthagène a parfaitement dissout l'eau de savon.

Elle avoit donc perdu son sulfate calcaire, seule substance pernicieuse qui y avoit été reconnue par l'analyse, et qui, dans son état naturel, l'assimile à l'eau de puits.

Or, à quoi ce changement peut-il être attribué, sinon à une nouvelle combinaison de l'acide sulphurique de la sélénite avec l'acide carbonique ?

J'appuierai ces réflexions de l'opinion particulière du chimiste expérimenté qui a tant contribué à la résurrection et à l'adoption réelle du procédé épuratoire de Smith.

Opinion du Cⁿ. Thaumur, pharmacien en chef des hospices maritimes du port de Brest.

« On ne peut croire que l'épuration de l'eau,
» opérée par le procédé du Cⁿ. Smith, soit
» une simple filtration d'une eau tenant seule-
» ment en suspension des substances hétéro-
» gènes. Deux observations prouvent qu'il y
» a combinaison chimique de l'eau avec la

» matière contenue dans le tonneau. 1°. Per-
» sonne n'ignore que l'eau douce embarquée
» sur les Vaisseaux, est renfermée dans des
» futailles de bois de chêne ; qu'au bout d'un
» ou deux mois, cette eau, privée d'air, con-
» tenant des animalcules, éprouvant la chaleur
» de la cale, se pourrit, fermente, acquiert
» de l'odeur, de la couleur, et un gout de bois
» fort désagréable. Dans cet état, passée par
» le filtre de Smith, elle reprend sa qualité
» première, moins la quantité d'air qui lui
» manquoit.

» L'odeur et le goût ne sont dûs qu'à la
» putréfaction, et la couleur est dûe en parti-
» culier à l'acide gallique ou partie extractive
» du bois de chêne : ce qui le prouve, c'est
» qu'en versant de cette eau sur une dissolu-
» tion de sulfate de fer, on fait de l'encre ;
» ce qui arrive aussi quand on fait bouillir de
» la même eau dans des vases qui contiennent
» du fer : mais après l'épuration on n'obtient
» rien de semblable.

» 2°. De l'eau crue ou séléniteuse, décom-
» posant l'eau de savon et l'eau de Goulard,
» avant l'épuration, n'a plus cette propriété
» lorsqu'elle a été épurée : il y a donc, d'une
» part, combinaison de l'acide gallique, et de
» l'autre, combinaison de l'acide sulphurique
» du sulfate de chaux, avec le mélange de la

» matière calcaire et du charbon. Je ne déci-
» derai point à laquelle des deux substances
» est due cette décomposition : de nouvelles
» observations nous mettront à même de pro-
» noncer définitivement ». *Signé*, Thaumur.

C'en est assez, je crois, pour admettre que la dépuration de l'eau par le charbon et le carbonate calcaire, est tout autre chose que la simple clarification opérée par un filtre de sable, de grès, ou de tuf, et que la seule in-filtration ne suffit pas pour dépurer les eaux atteintes de corruption et de certaines sub-stances qu'elles tiennent en dissolution.

Il me reste cependant là-dessus une arrière-pensée, que je dois mettre au jour, parce qu'elle peut tourner au profit de la dépura-tion, en y admettant le sable : je m'explique.

Quoique le sable ou la silice ne soit pro-prement qu'une terre inerte, stérile, insipide, inodore, regardée comme indestructible, sans aucune propriété chimique, c'est-à-dire, ne donnant et ne recevant rien par son simple contact avec d'autres substances ; et qu'enfin le sable n'agisse par rapport à l'eau, que comme un obstacle perméable, dans lequel le liquide dépose en passant, les molécules étran-gères, plus grossières que les siennes, et qu'il tient en supension ; il ne faut pourtant pas le bannir irrévocablement du procédé épura-

toire : il peut au besoin y jouer un rôle économique, en tenant la place d'une portion de
carbonate calcaire ; mais avec cette condition
expresse, qu'en ce cas on augmenteroit la dose
de charbon, pour suppléer à l'acide carbonique du carbonate calcaire supprimé, et dont
le sable est dépourvu : encore seroit-on privé
de cette petite partie de matière calcaire que
fournit le carbonate, après sa parfaite manipulation, et qui dans la dépuration exerce une
action chimique, ainsi que je l'ai dit ci-
devant. Ce n'est donc qu'au défaut du carbonate calcaire qu'on pourroit faire usage du
sable, ou du moins pour économiser le temps
et la peine, que causent l'extraction et la manipulation du premier.

Dans le nombre des systêmes imaginés pour
procurer aux marins de l'eau potable, il est
bon de placer celui dont je vais parler, et qui
peut avoir des suites utiles, au moyen de quelque conception heureuse.

DE L'USAGE DU MERCURE
pour empêcher la corruption des eaux douces embarquées sur les vaisseaux.

Cette idée m'a occupé, et m'occupe encore, non dans l'intention de la faire adopter d'emblée, mais seulement pour donner l'éveil, et faire qu'on puisse s'exercer là-dessus à l'aide de quelques données.

Les chimistes savent que le mercure possède une propriété médicamenteuse, destructive des vers intestinaux et des insectes. Les médecins l'administrent dans les maladies vermineuses, sans aucun danger pour la santé du malade. Voici comme on s'y prend.

On met à peu près une once de mercure pur, dans un nouet de toile serrée : on suspend avec une ficelle, et on met ce nouet à infuser dans environ une pinte d'eau, moyennant une légère ébullition. On boit usuellement de cette décoction, et les vers des hommes ou des enfans sont bientôt détruits.

Après l'infusion, le mercure se retrouve tout entier, sans la moindre altération ni diminution de poids ; preuve qu'il ne s'en est rien détaché qui puisse être apprécié par les règles les plus scrupuleuses de l'art du peseur. On objecte ordinairement à ces faits qu'il y a contradiction, puisqu'il ne peut se faire aucune émanation d'un corps sans que son poids diminue : mais, répondent les chimistes, le musc, qui exhale sans cesse une odeur si forte, conserve toujours son poids primitif : le cuivre ne laisse-t-il pas aux doigts une odeur particulière, sans que son poids diminue ? Ce sont-là des choses généralement connues, et qu'on peut appliquer au mercure, par rapport à ses émanations anti-vermineuses. Quelle est la raison de ces phénomènes ? La chimie n'en sait encore rien. On le saura peut-être demain, peut-être dans mille ans, ce qui est la même chose eu égard à l'éternité ; mais bien différent pour l'homme, qui, par sa courte existence, est pressé d'apprendre et de jouir.

Quoi qu'il en soit, puisqu'il est posé en principe que la première cause de la corruption de l'eau en futaille, provient de la mortalité et de la reproduction successive des animalcules aquatiques, et de leurs débris cadavéreux, il semble qu'en détruisant, dès l'origine et avant qu'ils se soient multipliés par la reproduction, les premiers insectes éphémères, on détruiroit radicalement la cause de la corruption : et quant à leurs infiniment petits cadavres, alors peu nombreux, ils tomberoient en forme de lie au fond du tonneau, comme tant d'autres corps tenus en suspension dans les liquides, et dès-lors l'eau en seroit délivrée pour toujours.

Cela posé, on pourroit suspendre par la bonde de la futaille, à l'aide d'un fil de fer ou d'une forte ficelle dans un nouet de toile serrée, du mercure fluide et pur (1), dans la proportion de quatre onces ou plus, par barique ou quart de tonneau. Le long séjour du métal dans l'eau, les oscillations qu'il éprouveroit par les mouvemens ordinaires du Vaisseau, la chaleur atmosphérique de la cale, tout cela favoriseroit l'infusion et son effet destructif sur la première génération des animalcules, à laquelle nulle autre ne succéderoit, à cause de la destruction de tous les germes reproductifs.

Il ne resteroit donc plus à l'eau d'autre vice que l'acide gallique qu'elle auroit extrait du fut, et la privation d'une certaine quantité d'oxigène ; ce qui, sans contredit, est bien au-dessus de la putréfaction aqueuse. D'abord on pourroit aisément restituer de l'oxigène à l'eau, en l'exposant et l'agitant à l'air libre. Quant à

---

(1) Je dis *mercure pur*, c'est-à-dire exempt de plomb ; car il arrive souvent que les marchands allient par l'intermède du bismuth, une certaine quantité de plomb qui coûte peu, au mercure qui coûte très-cher, et qu'ils vendent ensuite cet amalgame au prix du mercure pur. Et comme, outre cette supercherie, le plomb dans certains usages de ce mercure, peut occasionner de cruelles douleurs de colique, il résulte que ces marchands sont à la fois des fripons et des empoisonneurs.

l'acide gallique, on en préviendroit l'extraction, en faisant, je le répète, carboniser les parois intérieurs des futailles, à l'exemple des Anglois, bien plus occupés que nous de la conservation et du contentement des marins.

C'est ici le moment d'expliquer les raisons physiques de cet excellent usage.

Le but de cette carbonisation est d'élever, entre l'eau et le bois, une barrière qui empêche leur contact réciproque, et par conséquent l'extraction de l'acide gallique : voilà donc un premier avantage bien certain : le second, c'est que cette envelope charboneuse agit par son acide carbonique sur l'eau, comme fait le charbon, et peut opérer une dépuration insensible et continue.

Pour résumer, je dis que le mercure empêche la corruption de l'eau ; que l'agitation et le contact de l'air peuvent lui restituer son oxigène ; et que la carbonisation intérieure de la futaille s'oppose à l'extraction de l'acide gallique, et dépure l'eau : moyennant quoi, en prenant le mercure pour base, il est possible, même facile, d'avoir, à bord, de l'eau potable, sans aucun échafaudage.

Il n'est pas inutile d'avertir que le mercure immergé dans les tonneaux, loin d'être perdu, se retrouveroit toujours dans le nouet ou au fond de la futaille, en même poids et qualité qu'auparavant ; et comme son emploi ne seroit confié qu'aux officiers de santé du Vaisseau, seuls capables, par état, de manier avec adresse cette substance si mobile, il n'y auroit que la dépense du premier achat à faire, sauf les petits déchets inévitables.

J'étois arrivé à ce point de mon travail, lorsque, par un effet du hazard, j'ai appris d'un témoin oculaire, digne de foi par son âge et sa profession, que sous le ministère du Duc de Choiseul, on avoit fait, par ses ordres, à Brest, une expérience de ce genre, qui avoit réussi à Paris, sous le voile du mystère.

C'étoit tout simplement de l'*onguent napolitain*, enfermé dans un petit pot de terre, et recouvert par une matière qui paroissoit être de la glaise. Ce vase étoit suspendu dans le tonneau, par une petite chaîne de fer. L'inventeur l'employa ainsi sur un Vaisseau avec toutes les précautions possibles pour que le résultat pût être parfaitement constaté : mais au retour de la campagne, malgré l'onguent, l'eau qui le contenoit, se trouva corrompue et infecte.

De-là voici comme on raisonna : « Le mer-
» cure tue, à la vérité, les animalcules ; mais
» il n'enlève pas leurs cadavres, ni par con-
» séquent les causes de corruption : donc le
» remède est nul ».

Cette

Cette conséquence spécieuse, tirée du mauvais résultat, fit, d'autorité, abandonner le
procédé ; et depuis il n'en fut plus question.
Mais a-t-on bien fait de couper l'arbrisseau
dans ses racines, parce qu'il avoit quelques
défectuosités ? N'eût-il pas mieux valu lui
donner quelques labours, le tailler, favoriser
de nouvelles pousses, changer ses formes, et
tâcher d'en faire un arbre utile et vigoureux ?
Il me semble qu'en y réfléchissant un peu,
on se seroit apperçu : 1°. que le mercure en
consistance d'onguent n'étoit point perméable,
à cause de ses parties grasses, et qu'ainsi l'eau
ne pouvant le pénétrer, ne pouvoit rien en
extraire ; 2°. que cet onguent, enfermé dans un
pot de terre et recouvert de glaise, n'étant pas
en contact avec l'eau, l'infusion ne pouvoit
avoir lieu ; 3°. que le métal étoit d'ailleurs en
trop petite quantité, eu égard au grand volume
aqueux ; et 4°, que par la foiblesse des moyens,
on n'avoit pu empêcher la reproduction successive des animalcules, ni l'excessive multi-
plicité de leurs débris cadavereux ; de sorte
que la cause de corruption n'ayant pas été dé-
truite radicalement, les effets devoient être
toujours les mêmes. C'étoit-là ce qu'il falloit
considérer ; et on auroit peut-être conclu à
changer le mode du procédé, en conservant le
principe : mais en toutes choses il est plus ai-

sé , même avec de la bonne foi, de condamner, que d'examiner et faire mieux.

Je me garderai bien de décider si l'infusion du mercure fluide, et en quantité suffisante , suppléeroit à tous les inconvéniens qui viennent d'être remarqués , et auxquels j'attribue le mauvais succès de l'expérience. J'ai présenté mon idée sur l'usage du mercure, pour la conservation de l'eau dans son état de potabilité , plutôt comme un objet de curiosité capable de stimuler l'esprit d'invention , que comme un moyen infaillible : des observations, des essais et sur-tout l'expérience pourront, à peu de frais , en démontrer la réalité ou la nullité , si quelqu'un veut s'en occuper.

En attendant , j'avoue franchement que la dépuration de l'eau par le charbon , me paroît préférable à tout ce qui a été imaginé jusqu'ici sur cet objet, même à la machine inventée par Bouïbe , quoiqu'achetée par le Gouvernement, et dont nous allons nous occuper dans la section suivante.

HUITIÈME SECTION.

De la machine propre à purifier l'eau inventée par Bouïbe en 1780, et achetée par le Gouvernement ; sa description et sa comparaison analitique avec celle de Smith.

Au commencement de cet ouvrage j'ai parlé de cette machine oubliée, perdue depuis long-temps, retrouvée par mes soins, et dont j'ai promis de faire la comparaison avec celle de Smith. C'est ici le moment de tenir mon engagement, afin que ce moyen ingénieux, quoiqu'imparfait, tienne sa place dans l'histoire des inventions connues en ce genre. On peut, en la présentant sous un véritable point de vue, ôter toute idée de reproduire cette machine, ou bien donner naissance à des perfectionnemens ou à des conceptions plus heureuses dans leurs effets, selon le jugement qui en sera porté.

Je prendrai pour base de la comparaison, 1°. les deux pièces suivantes, relatives à la machine de Bouïbe ; 2°. les expériences faites sur le procédé de Smith, et les conclusions qui en ont été déduites, ainsi qu'on l'a vu.

Rapport des commissaires nommés par le conseil de marine le 26 août 1780 , pour l'examen d'une machine du S'. Bouïbe.

Personne n'ignore que (quelques précautions qu'on prenne sur les Vaisseaux pour conserver à l'eau de provision le degré de pureté qui lui est nécessaire pour qu'elle soit agréable et salutaire) les parties hétérogènes qui y sont mêlées et qui varient selon les circonstances, la partie extractive des bois des futailles où elle est renfermée, la chaleur et l'infection de l'air dans la cale où on est obligé de mettre les pièces qui la contiennent, y produisent un mouvement intestin qui lui fait contracter une odeur et une saveur abominable, lesquelles en rendent l'usage dégoûtant et malsain. Les moyens qu'on a employés jusqu'ici pour remédier à cet inconvénient, n'ont rempli que très-imparfaitement le but qu'on se propose aujourd'hui.

C'est ce qui a engagé le sieur Bouïbe à faire construire une machine au moyen de laquelle on peut obtenir en deux heures de temps et avec un seul homme, une barique d'eau purifiée. D'après les épreuves qui en ont été faites sous nos yeux, nous ne pouvons qu'applaudir à cette découverte. En effet, on dégage d'abord de l'eau, l'air méphitique qu'elle contenoit, et on y introduit une grande quantité d'air atmosphérique qui se combinant d'une manière intime avec cette eau, devient un véritable air fixe, lequel, comme on sait, s'oppose de la manière la plus puissante à la putréfaction. On fait passer ensuite cette eau revivifiée, si l'on peut s'exprimer ainsi, par un filtre dont l'auteur nous a confié la composition, et dans lequel il n'y a rien qui puisse nuire à la santé.

Par ce procédé simple et d'autant plus ingénieux qu'il imite la nature, en employant comme elle le mouvement et la filtration, le sieur Bouïbe, ôte à l'eau de provision, l'odeur et le goût désagréable qu'elle avoit avant. Cette eau n'acquiert pas à la vérité sa première limpidité, mais elle n'est pas moins saine, et il ne lui reste qu'un goût ligneux qu'on ne sauroit comparer qu'à une foible décoction de chien-dent. Ce goût n'est dû, ainsi que la couleur jaunâtre, qu'à la partie extractive du bois que cette eau tient en dissolution.

La machine, dont nous ne ferons pas la description ici parce que cela nous entraîneroit dans des détails inutiles, réunit à cet avantage celui de pouvoir servir de pompe à incendie. Elle élève l'eau à quarante pieds, et il seroit possible, au moyen de quelques changemens, de lui donner une force plus considérable. Cette eau peut être dirigée où l'on veut, par des tuyaux flexibles en cuir.

F 3

Nous pensons en conséquence que cette ma_ chine est très-utile, et qu'il est à desirer qu'on en embarque une sur un Vaisseau destiné au long cours, pour constater d'une manière précise le parti qu'on en peut tirer. Brest, le 23 septembre 1780. Signés, LAMOTHE, Ingénieur - constructeur ; MONTÉCLER, Capitaine de vaisseau ; SABATIER, Médecin de la marine.

————

Le Rapport ci-dessus, qu'après beaucoup de recherches inutiles j'eus le bonheur de déterrer dans le cabinet du Cⁿ. Geffroy, officier du génie maritime, des bontés duquel je le tiens, ne contenant pas la description de la machine, je pris le parti, lorsque je l'eus retrouvée, d'engager le Cⁿ. Caffarelli, Préfet maritime au port de Brest, à la faire examiner et décrire par le Cⁿ. Devaulx, Chef d'artillerie de la marine, qui l'avoit déja vue superficiellement avec moi, et qui d'ailleurs avoit assisté à la plupart de nos expériences sur le procédé de Smith. Ma demande fut accordée et exécutée aussi bien que je pouvois le desirer, ainsi qu'on va le voir dans la pièce suivante.

Description abrégée d'un moyen pour purifier l'eau.

Le moyen imaginé par Bouïbe pour purifier l'eau, exige, à ce qu'il paroît, le concours d'une pierre à filtrer, d'un moulin destiné à broyer le grès qu'on place (sans doute) dans la pierre à filtrer pour enlever les plus fortes ordures, et enfin celui d'une machine servant à imprégner l'eau d'air, en la battant et en lui faisant traverser ce dernier fluide en petits jets ; machine qui peut aussi servir de pompe à incendie.

La pierre à filtrer a dans son milieu un creux ou bassin d'environ dix pouces de diamètre, quatorze de profondeur, et de forme semblable à-peu-près à celle de la calotte d'un chapeau. Ce bassin est destiné à recevoir l'eau qu'on veut clarifier, ainsi que le grès broyé qui doit y concourir. Au-dessous est un vase dans lequel tombe l'eau qui filtre à travers la pierre. Le tout est supporté à une hauteur convenable par une espèce de cage en bois, composée de quatre montans unis par des traverses.

Le moulin à broyer est à peu-près semblable à un moulin à café de forte dimension, dont l'axe seroit horizontal. La matière à broyer entre par un trou pratiqué en-dessus de l'enveloppe, et sort par un moins fort en-dessous, d'où elle tombe dans un tiroir. Ce moulin est fixé sur le milieu d'une pièce de bois que supportent deux larges montans unis par des traverses.

La machine qui sert à imprégner l'eau d'air est composée d'une partie inférieure destinée à contenir cette eau, et d'une supérieure dans laquelle on l'élève. L'une et l'autre sont en fort cuivre.

La partie inférieure a la forme, à-peu-près, d'une baignoire, ayant environ quarante-deux pouces de longueur, vingt-deux de largeur et dix-huit de profondeur; les faces de ces deux extrémités, qui ont une forme semblable, sont prolongées en-dessus de quinze pouces sur une longueur au milieu, de dix pouces, ce qui forme deux espèces de demi-cylindres creux, formés par un plan diamétral, entre lesquels on place la partie supérieure qui emboîte exactement dans ce vide. Son dessous est soutenu à quinze pouces du fond de la partie inférieure par quatre supports fixés contre ses parois intérieurs.

Les deux demi-cylindres creux précédens, dont le rayon est d'environ dix pouces, sont traversés par des espèces de battoirs en bois composés de trois plateaux en demi-cercle, fixés à quelque distance l'un sur l'autre, et ayant successivement moins de largeur, de manière à former cascade. Les deux supérieurs sont percés

tout autour de trous qui traversent leur épaisseur, et sont, ainsi que l'inférieur, fixés sur le
bout d'une tige en bois qui les traverse perpen-
diculairement à leur plan vers le milieu. Cette
tige doit être assez longue pour excéder un peu
la surface supérieure du demi-cylindre, lorsque le plateau inférieur appuie sur le fond du
réservoir. Elle sert à donner au battoir le mouvement vertical qu'il doit avoir pour agiter l'eau.

La partie supérieure de la machine a une
forme à peu près prismatique, haute de quarante-deux pouces sur vingt-deux de côté.
Son intérieur contient deux pompes aspirantes
et foulantes. Au-dessus est fixé le support du
balancier qui sert à mettre en jeu les pistons,
ainsi que deux pièces de fer où l'on accroche
une poulie double servant à mouvoir de haut
en bas les battoirs à l'aide d'une poulie simple
fixée à l'extrémité supérieure de leur tige, et
d'une corde sur laquelle agissent des hommes.

Au-dessus du tuyau qui sépare les pompes,
se visse une boîte ovale percée de petits trous
servant à diviser en petits filets l'eau du réservoir que ces pompes élèvent, et qui tombe dans un bassin inférieur environnant la
boîte, bassin d'où elle s'écoule par deux trous
à robinets sur les battoirs, et de-là dans le
réservoir, au bas duquel sont placés des robinets servant à l'en tirer lorsqu'on le juge con-

venable. Au-dessous des corps de pompes sont vissés des tuyaux servant à aspirer l'eau jusqu'au fond du réservoir. Il existe dans cette machine d'autres parties que l'on croit inutile de décrire, parce que l'apperçu précédent paroît suffisant pour mettre à même de l'apprécier.

Les avantages de cette machine sont de donner une qualité plus rafraîchissante à l'eau, en l'empreignant fortement d'air, et de pouvoir servir de pompe à incendie, en vissant un manche à la place de la boîte percée.

On y trouve les inconvéniens de coûter beaucoup (environ trois mille francs), d'être difficile à raccommoder lorsque les soupapes sont dérangées, d'exiger continuellement quatre hommes au moins pour son service, de produire dans un temps donné des doses d'eau trop peu considérables, et enfin de ne pas ôter à l'eau son odeur et son mauvais goût.

On pense, d'après ces motifs, que le moyen employé par Smith, pour purifier l'eau, est préférable au précédent, quoique ingénieux, et qu'on pourroit, en employant la machine à battre l'eau, de Bouïbe, rendre celle produite par le filtre de Smith, plus salubre et d'une saveur plus agréable.

Brest, le 29 fructidor an 8 de la R. F. Signé, DEVAULX.

Nous voilà à présent en état de comparer

la machine de Bouïbe avec celle de Smith, puisque, sur la première, nous avons sous les yeux les notions exactes que contiennent les deux pièces précédentes, et la lettre du Ministre citée à la fin de la première section ; et que sur la seconde nous possédons toutes les connoissances desirables, d'après les expériences, la description exacte, et les considérations chimiques, qui ont été rapportées antérieurement. C'est à quoi nous allons procéder le plus succinctement possible.

Comparaison analytique de la machine inventée par Bouïbe, avec celle inventée par Smith, relativement à leur méchanisme, à la dépense et à leurs résultats respectifs.

1°. La machine *Bouïbe* exige deux opérations successives et différentes, indépendamment du versement et de la réception de l'eau soumise à son action. La première est l'introduction d'une grande quantité d'air atmosphérique, moyennant l'agitation longue et violente que cause à l'eau, le jeu continuel de deux pompes aspirantes et refoulantes. La seconde, la filtration de cette eau revivifiée, au moyen d'une pierre à filtrer et d'un filtre.

En arrêtant d'abord nos regards sur cette dernière opération, on voit qu'elle est naturellement lente, quelquefois interrompue lorsque les pores de la pierre viennent à s'obstruer, et difficile, presque impossible sur un Vaisseau dans les mouvemens de roulis et de tangage, parce que l'eau mise dans la pierre est dans le cas de s'échapper par ses bords, lorsque la cage penche en différens sens.

A la machine *Smith*, il faut tout simplement verser de l'eau dans l'appareil, et on la reçoit aussi-tôt et abondamment par le robinet. Voilà toute la besogne, sans qu'il se présente aucune difficulté.

2°. La commission de 1780 a trouvé que, par la machine *Bouibe*, on peut obtenir en deux heures de temps, et avec un seul homme, une barique d'eau purifiee, c'est-à-dire, 240 pintes.

La commission de l'an 6 a trouvé que, par la machine *Smith*, on peut, sans le travail d'un seul homme, parce qu'elle ne comporte aucun jeu méchanique, obtenir par heure, 225 pintes d'eau épurée, avec un simple robinet de six lignes. Ce produit est, comme on voit, presque double du premier. Dans les expériences de l'an 8 on en a obtenu davantage : et quand on voudra employer un robinet plus gros, et même deux, le produit sera indéfini, en peu de temps, et sans autre peine que de verser de l'eau dans l'appareil, à proportion de la sortie.

3°. La commission de 1780 avoue que l'eau purifiée n'acquiert pas sa première limpidité, et qu'il lui reste un goût ligneux, qu'on ne sauroit mieux comparer qu'à une foible décoction de chien-dent ; ce qui n'est dû, ainsi que la couleur jaunâtre, qu'à la partie extractive du bois qu'elle tient en dissolution. Voilà donc une dépuration très-imparfaite, puisqu'elle n'a enlevé ni le goût, ni la couleur, ni vraisemblablement l'odeur ; ce qui d'ailleurs prouve invinciblement que l'agitation et la filtration réunies, n'opèrent aucune décomposition chimique de l'acide gallique que l'eau a extrait du bois. On ne voit pas même si l'eau révivifiée et filtrée a pu dissoudre le savon ; ce qu'il n'y a pas lieu de croire, puisqu'aucun acide n'a été enlevé.

Par le procédé de Smith, la dépuration est complette : non-seulement elle enlève à l'eau la plus corrompue toutes ses mauvaises qualités, mais encore elle rend certaines eaux viciées dans leur source, et ensuite gâtées dans les futailles, meilleures qu'elles n'étoient dans le principe ; témoin l'eau de Carthagène qui, dans nos expériences de l'an 8, a non-seulement perdu l'infection acquise dans le tonneau, mais encore la sélénite qu'elle contenoit naturellement, et qui la rendoit crue comme l'eau de puits : toutes choses qui prouvent sans répli-

que, qu'il ne peut y avoir une parfaite dépuration de l'eau atteinte de certains vices , sans
décomposition chimique.

4°. Suivant la lettre du Ministre déja citée,
le compte rendu par le Chirurgien-major du
Vaisseau monté par le Contre-amiral d'Entrecasteaux, sur lequel la machine *Bouïbe* avoit été
embarquée ultérieurement, porte que l'eau purifiée par le procédé *Bouïbe* , étoit préférable
à l'eau des jarres de l'état-major : c'est-là un
degré de bonté purement relatif, et dont on ne
peut pas bien juger, attendu que la bonté de
l'eau des jarres n'est pas connue , et qu'elle
pouvoit être très-médiocre. Pour pouvoir comparer, il faut deux termes de comparaison : et
c'est ce qui nous manque ici. Le compte rendu
n'est donc rien moins que clair et concluant en
faveur du procédé *Bouïbe* :

Au contraire , avec le procédé *Smith.*, l'eau,
quelque mauvaise qu'elle soit , acquiert une
bonté réelle, et devient comparable en tout point
aux bonnes eaux communes. La supériorité de
la dépuration est donc ici incontestable.

5°. La machine *Bouïbe* , suivant sa description , même abrégée , est très-volumineuse ,
d'un méchanisme compliqué ; elle est fragile,
sujette à la rouille et au dépérissement : il est
pénible et souvent impossible de la faire agir.

Rien de plus simple, de moins embarrassant,

de plus facile à construire, à préparer, à mettre en action, et à conserver en bon état, même à remplacer et à multiplier au besoin, que la machine *Smith*.

6°. La première coûteroit par approximation, 3,000 francs, ce qui feroit pour cinquante machines nécessaires à une armée navale, une dépense de 150,000 francs. Et, quel temps, combien d'ouvriers difficiles à rassembler, ne faudroit-il pas pour des ouvrages aussi délicats et aussi nombreux ?

La seconde est un simple tonneau avec quelques accessoires de la plus petite conséquence. Quant aux substances épuratoires, comme les matières premières et la main-d'œuvre ne sont dans les ports ni rares ni chères, ni susceptibles de difficultés, la dépense de cinquante appareils avec toutes leurs appartenances, à raison de 50 francs chaque, l'un dans l'autre, ne s'élèveroit qu'à 2,500 francs, c'est-à-dire, soixante fois moins que l'autre.

7°. A la vérité, la machine *Bouïbe* présente un double avantage. C'est la faculté ajoutée de servir de pompe à incendie, ce qui dispense d'en embarquer une : mais comment compter sur ce secours, quand on pense que les deux pompes aspirantes et refoulantes de *Bouïbe*, étant sans cesse en jeu, exposées à une humidité continuelle, ne peuvent que s'user peu à peu, et finir enfin par se détraquer au point de n'être plus bonnes ni pour le feu ni pour l'eau, sans ressources suffisantes à bord pour y remédier. On s'exposeroit donc, dans une campagne de long cours, à être privé du double service de la machine; et alors, en cas d'incendie, où en seroit-on ?

La machine *Smith* n'est, il est vrai, propre qu'à un seul service ; mais ce service est facile, prompt, stable et certain. Vous voulez, à très-peu de frais et avec peu de peine, vous procurer de la bonne eau, tant qu'il vous en faut : votre but est parfaitement rempli; il ne faut rien de plus.

En voilà sans doute assez pour que tout homme éclairé puisse apprécier avec justesse l'une et l'autre machine. Quant au Gouvernement et au Commerce, leur choix ne paroît pas devoir être douteux en faveur du procédé de Smith, en considérant sa simplicité, sa certitude d'action et d'effet, l'excellence de l'eau qu'il produit, la grande économie qu'il présente dans sa construction, la facilité de son installation et de son usage à bord de tous les navires grands ou petits, sans qu'il soit possible à aucun marin raisonnable d'entrevoir le moindre inconvénient àl'adopter.

NEUVIÈME

NEUVIÈME SECTION.

Procédés connus pour le dessalement de l'eau de mer, parmi lesquels est la cucurbite de POISSONNIER, le projet d'une distillation en grand dans le vide, sans feu, à bord des Vaisseaux ; et enfin le dessalement naturel de l'eau de mer par le sable (1).

« On a mis (et on a eu raison), une grande
» importance à rendre l'eau de la mer potable.
» La privation de ce premier besoin est une
» des plus cruelles calamités des voyages de long
» cours. Vers les poles on a la ressource des
» glaces ; mais dans les calmes des environs de

(1) Les deux premiers paragraphes de cette section sont extraits littéralement du discours préliminaire qui se trouve à la tête des *Voyages maritimes*, faits et décrits par le C.ⁿ Rochon, de l'Institut national ; astronome de la marine : ouvrage intéressant, imprimé à Paris, l'an 6, chez Prault, libraire. J'ai cru devoir, de mon chef, accompagner le texte de quelques-unes de mes remarques, relatives au procédé épuratoire de Smith, et ajouter qu'ayant trouvé à Brest le C.ⁿ Rochon, toujours occupé des sciences et des arts utiles à la marine, j'ai eu le plaisir de communiquer avec ce Savant, et de profiter de ses ouvrages et de ses lumières.

G

» la ligne, il n'est pas rare d'éprouver sous le
» ciel brûlant de la zône torride, une disette
» d'eau douce. La crainte seule d'en manquer
» porte l'effroi dans l'ame des plus intrépides
» navigateurs. Les physiciens ont pensé que la
» distillation de l'eau de mer étoit le seul moyen
» de la rendre potable. Le savant *Boyle* avoit
» reconnu le premier qu'après une longue pu-
» tréfaction de l'eau de mer, l'esprit de sel (1)
» s'en dégageoit, sans addition, à un feu de
» sable modéré, et qu'il se dissipoit même avant
» la vaporisation de l'eau. *Hales* fit plus, il mon-
» tra que les alkalis caustiques étant ajoutés à
» l'eau de mer déja distillée, étoient propres à
» ôter dans une seconde distillation, ce qui
» pourroit rendre cette eau insalubre.

» *Appleby* montra depuis que quatre onces
» de pierre à cautère et d'os calcinés (2) rendoit

______

(1) *Esprit de sel* est probablement le gaz acide muriatique de la nouvelle nomenclature chimique, lequel, quoique fluide aériforme, n'est nullement *esprit*.

(2) Il eût été bon ici d'indiquer quelles étoient les
proportions de ces substances avec la quantité d'eau de
mer soumise à l'expérience : mais comme cela est aisé à
trouver dans les ouvrages scientifiques, nous laisserons
ce soin à ceux qui voudront se satisfaire, et nous ferons
deux observations qui ne sont pas étrangères au fonds de
notre sujet : la première, que dans la composition de la
pierre à cautère il entre de la potasse et de la chaux : la
deuxième, que les os sont des phosphates calcaires : par

» l'eau de mer potable à la première distilla-
» tion. Ce chimiste anglais reçut de son Gou-
» vernement une récompense considérable.
» *Hanton*, dont l'alambic est ingénieux, ne fit
» usage que de l'huile de tartre et de terre
» calcaire (1) ; mais l'on doit voir que Boyle et
» Hales sont les premiers qui aient mis sur la
» voie de cette importante découverte ».

Voilà ce qui avoit paru de plus remarquable
en fait de dessalement de l'eau de mer, avant
que le médecin *Poissonnier* eût inventé et fait
adopter en France sa cucurbite ; appareil qui
sembloit devoir consolider les tâtonnemens précédens, en rendant son usage praticable en grand
sur les Vaisseaux.

Manière de distiller l'eau de mer par le procédé de Poissonnier.

Cette invention parut avec éclat sous le ministère de M. de Choiseul. Je suis encore en

---

la calcination de ceux-ci, l'acide phosphorique s'échappe
en gaz, et il n'en reste qu'une matière calcaire, incapable
de se carboniser. Il paroît donc que dans le procédé
d'Appleby c'est la chaux qui est le principal agent. Combien l'ancienne chimie étoit loin de la moderne, pour la
clarté et la justesse des idées et des expressions.

(1) Voilà toujours de la chaux. Tout cela ne justifie-t-il
pas l'addition du carbonate calcaire ou charbon, dans le
procédé épuratoire de Smith ?

état d'en parler de mémoire, avec quelque justesse, parce que je fus du nombre de ceux qui
assistèrent officiellement aux premières expériences qui en furent faites dans les grands ports.

Elle consiste principalement en un grand
alambic de cuivre, en forme de coffre carré long,
surmonté d'un chapiteau, avec un refrigérent
ou serpentin de plomb dans un tonneau. Il fut
fait des modèles, des plans, des coupes, des
dessins, des gravures, des descriptions qui ont
été répandus par-tout. Et comme il est possible
de les retrouver, si on veut en prendre une
exacte connoissance, je me bornerai ici aux
principaux détails, dans la pensée qu'un simple
apperçu suffit.

Dans la partie inférieure du coffre est un
foyer ou fourneau où doit être entretenu le feu
nécessaire. Dans la supérieure est le récipient
destiné à contenir l'eau de mer soumise à la distillation. Le chapiteau est séparé du récipient
par une plaque circulaire de cuivre, de laquelle
il va être parlé, et qui est ce que la machine
a de plus ingénieux.

L'eau salée étant en ébullition, le gaz hydrogène, s'élève en vapeurs, entre dans la capacité du chapiteau, passe dans le réfrigérent,
où le fluide aériforme se condense par la perte
de son calorique et par l'acquisition de l'oxigène
atmosphérique, et il finit par tomber en con-

sistance de liquide aqueux , dans le réservoir qu'il trouve à sa sortie.

Voilà à-peu-près la théorie pratique de la distillation. Il est évident que dans cette opération toutes les substances spécifiquement plus pesantes que l'air, telles que les sels, les terres et autres, ne pouvant s'élever avec le gaz aériforme, restent comme résidu dans le fond de l'alambic, de sorte qu'il n'en sort réellement que de l'eau douce et pure, telle que l'eau commune distillée.

Cette machine avoit le mérite essentiel de pouvoir être établie solidement et assez commodément sur un vaisseau, et de remplir son service malgré le roulis et le tangage du navire ; car c'est toujours par cette possibilité qu'il faut commencer, lorsqu'on veut introduire quelque méchanique relative à la navigation ; et c'est ce que ne font pas toujours les inventeurs, faute d'expérience dans le métier de la mer.

Après des succès obtenus dans les ports, la cucurbite fut adoptée par le Gouvernement, et valut au médecin Poissonnier sa nomination à l'Académie des Sciences, des titres et des places honorables et lucratives. Ayant été embarquée sur plusieurs Vaisseaux, plus par essai que par besoin, les avis, au retour de la campagne, furent partagés sur son compte.

On avoit ensuite cherché à corriger le principal défaut du procédé, qui étoit la grande consommation de combustible. On imagina très-spirituellement pour cela, un tuyau servant de conducteur du calorique de la cuisine à la cucurbite qui y étoit attenante. Ce moyen étoit vraiment économique, et avoit encore un grand avantage, ainsi qu'on le verra bientôt. Malheureusement il ne pouvoit pas être employé continuellement, parce que la cuisine ne va pas toujours. D'ailleurs le calorique transmis devoit être moins fort qu'un feu violent, agissant immédiatement contre le récipient ; et par conséquent il n'élevoit pas l'ébullition jusqu'à quatre-vingt degrés du thermomètre de Réaumur. De-là résultoit probablement une vaporisation interrompue, lente, foible, et par conséquent de petits produits en eau distillée, insuffisans pour la consommation journalière d'un équipage nombreux.

Tout cela auroit mérité d'être observé avec soin. Quoi qu'il en soit, les marins ne tardèrent pas, peut-être par inconstance, à se dégoûter de l'usage de la cucurbite. Ils y trouvèrent plusieurs inconvéniens : 1°. une quantité considérable et coûteuse de combustible, soit en bois, soit en houille, qui tenoit la place de l'eau douce qu'on auroit pu embarquer; 2°. son volume, qui causoit de l'embarras sur le pont, et le danger où elle s'y trouvoit, d'être brisée par un boulet dans le combat ; 3°. les soins continuels et déplaisans qu'elle exigeoit pour la faire agir ; 4°. les risques effrayans d'un feu perpétuel; 5°. enfin , ce qui lui a porté un coup mortel, un goût d'empyreume et de métal qu'on a prétendu trouver à l'eau ainsi distillée , et qui la rendoit désagréable à boire.

Ce procédé étoit donc imparfait à plusieurs égards , sur-tout par rapport à la qualité de l'eau qu'il produisoit ; car il ne suffit pas que l'eau de mer soit dessalée , il faut encore qu'elle soit bonne au goût , et la chose est douteuse, puisqu'on n'est pas d'accord là-dessus.

Dans la Marine espagnole, où l'on s'empresse de profiter des découvertes étrangères, de les perfectionner, et même de créer du fond national , où l'on peut se flatter de construire d'excellens et superbes Vaisseaux, sur-tout ceux à trois ponts, où enfin il s'est allumé un grand foyer d'émulation et de lumières, parce que le besoin d'une Marine protectrice des Colonies et du commerce est fortement senti en Espagne , la cucurbite de Poissonnier fut adoptée et pratiquée pendant quelque temps , avec des améliorations et des succès remarquables. Rien ne peut mieux éclairer là-dessus que la notice suivante , et les réflexions que je tiens de l'Amiral Gravina. Je me fais un plaisir de les rapporter

ici , parce que la communication de ses connoissances et de ses pensées m'est autant précieuse que son estime.

» *Extrait, traduit de l'espagnol, des réflexions*
» *sur les machines , et sur leur manœuvre à*
» *bord.*

» Monsieur Poissonnier, médecin de la Faculté
» de Paris , publia en 1763 , sa machine pour dis-
» tiller commodément l'eau de mer à bord des
» bâtimens , même dans les plus forts roulis ,
» sans crainte que l'eau salée s'introduise par
» le chapiteau , et ne perde l'autre ; ce qui s'ob-
» tient par un cercle , à la superficie duquel il
» y a quelques trous , qui sont les extrémités
» d'autant de petits tuyaux capilaires de quelques
» pouces de long.
» Cette pièce placée horizontalement dans
» l'intérieur du cylindre , empêche que l'eau
» du récipient se mêle avec celle qui est déja
» distillée, malgré tous les mouvemens du Vais-
» seau.
» Les Anglais simplifièrent cette machine ,
» et nous , nous l'avons prise pour modèle
» pour l'adapter à nos Vaisseaux. Dans les
» diverses expériences rendues autentiques
» par les procès verbaux reçus au bureau de
» la de marine , il est constant que toutes

» les personnes qui se sont servi de l'eau
» distillée, ainsi qu'il est dit, ont joui d'une
» meilleure santé que ceux qui ont bu de
» l'eau de la cale, et qu'ils n'ont pas éprou-
» vé la moindre incommodité. Nous avons
» ressenti les mêmes avantages dans l'usage de
» l'eau distillée par le moyen de cet alambic ;
» et Don Thomas Geraldino, Capitaine de vais-
» seau, commandant le *Saint-Sébastien* dans
» l'été de 1788, se servit de cette eau durant
» tous les mois de campagne, et la préféra
» même pour boisson à celle de terre toutes les
» fois qu'il se trouva dans un port. Don Félix
» de Texada, Lieutenant-général de l'armée
» royale et inspecteur-général de nos arsenaux,
» m'assura qu'ayant reconnu par plusieurs ex-
» périences, l'utilité des fourneaux garnis d'a-
» lambics, Sa Majesté a en conséquence ordonné,
» le 8 janvier 1790, qu'on en adoptât l'usage à
» bord des bâtimens de l'armée ». Pour copie
traduite. Signé, Federico Gravina.

A ces documens lumineux le Général Gravina m'a ajouté qu'on n'avoit employé à la
distillation que le feu ordinaire de la cuisine,
moyennant quelques dispositions faites en conséquence ; ce qui en effet paroît indiqué par
les mots *fourneaux garnis d'alambics*, au lieu
de la simple expression *cucurbite* ou *alambic*.
Il m'a dit aussi qu'on n'avoit pu distiller de

cette manière qu'environ quatre cent pintes d'eau douce par vingt-quatre heures , ce qui n'étoit pas à moitié suffisant pour un équipage de cinq cent hommes ; et cela à cause des grands intervalles où la cuisine étoit sans feu : de sorte que pour obtenir une plus grande distillation, il auroit toujours fallu du combustible, et alors on seroit retombé dans l'inconvénient qu'on vouloit éviter. C'est sans doute à cette raison qu'il faut attribuer principalement l'abandon de la cucurbite de Poissonnier , en Espagne comme en France.

A la vérité , ce procédé seroit une ressource inappréciable dans ces cruelles circonstances où l'eau douce vient à manquer sur un vaisseau. Mais comme ces cas sont très-rares, on a senti que pour un besoin incertain, éloigné, hors du cours ordinaire des choses, on ne pouvoit pas faire d'un pareil établissement, d'ailleurs coûteux et plus ou moins gênant, une mesure générale, permanente, forcée ; et on a continué à s'approvisionner d'eau douce, parce que c'est le plus sûr.

J'ignore le parti que les Anglais auront pris à ce sujet ; mais je suis persuadé que, si le procédé distillatoire leur a paru utile, loin de le négliger , ils l'auront perfectionné : car il arrive souvent dans les arts, que les Français inventent et les Anglais pratiquent, en s'attri-

buant quelquefois l'honneur de l'invention.
D'où cela vient-il ? C'est que l'Anglais est
pensif, calculateur, laborieux, patient, tenace
dans ses idées, animé de l'esprit national. Tout
ce qui lui paroît avantageux pour lui ou pour
son pays, il s'en empare, et se pique de faire
mieux. Le bon et le beau se paient bien en
Angleterre, parce qu'on en a le goût et les
moyens : le talent compte là - dessus. Et la
marine : ah ! c'est là le palladium britannique :
toutes ses vues se portent vers cet objet sacré.

Reprenons les observations faites en Espagne,
pour en conclure particulièrement que l'eau
de mer distillée étoit très-bonne, très-salubre,
préférable même pour boisson à l'eau douce
qu'on prenoit à terre. Cela posé, comment expliquer cette contradiction, cette incertitude
d'opinions où nous sommes encore sur la bonne
ou la mauvaise qualité de l'eau de mer provenant de la distillation ? Je vais essayer de
résoudre la question.

Aux premiers essais faits dans nos ports et
sur nos vaisseaux, de la cucurbite de Poison-
nier, on employoit un feu intérieur, violent,
avec flamme, et toujours en contact immédiat
avec les parois de l'ustensile. Alors le cuivre
éprouvoit une chaleur capable de l'oxider dans
les parties qui se trouvoient hors de l'eau.
De-là des émanations ignées et cuivreuses qui,

par le contact accidentel, se communiquoient au liquide et au fluide aériforme, et leur donnoient ce mauvais goût qu'on appelle vulgairement en ménage, *sentir le brûlé*.

Mais en substituant à ce grand feu interne, le calorique de la cuisine, par le moyen d'un conducteur, on transmet à la cucurbite une chaleur trop peu forte pour oxider le métal. Ainsi par ce dernier procédé on obtient deux avantages capitaux, le premier, de se passer de combustible ; le second, d'éviter à l'eau distillée le mauvais goût qu'on lui a reproché dans les commencemens.

Voilà sans doute de quoi exercer l'imagination de ces hommes, pour qui les recherches et les créations dans les arts, sont des besoins pressans. Ici les avantages, les désavantages, ce qu'il reste à faire, tout est connu ; et peut être du point où l'on est arrivé, à un haut degré de perfectionnement, y a-t-il moins loin qu'on ne pense ? Nous allons voir là-dessus, une de ces grandes conceptions du génie, dont on ne peut que desirer la reprise et le succès.

DE LA DISTILLATION EN GRAND DANS LE VIDE, SANS FEU, A BORD DES VAISSEAUX.

La cucurbite de Poissonnier, et les inconvéniens qui l'ont fait négliger, malgré l'utilité dont elle pouvoit être susceptible, donnèrent naissance au systême de la distillation de l'eau de mer dans le vide, par un procédé en grand, sur un Vaisseau, et dans la vue d'exclure tout-à-fait de cette opération, le combustible et le feu : la seule chaleur de la cale y devoit suffire.

L'idée primitive de ce systême avoit été puisée dans l'article EXPANSIBILITÉ du Dictionnaire Encyclopédique, par Turgot. Sans vouloir approfondir la théorie de ce genre de distillation, parce qu'elle est connue des savans ; je me bornerai à rétablir les principes, pour aider la mémoire de ceux-ci, et pour faciliter ceux qui n'ont besoin que d'en avoir une légère connoissance.

Il est admis dans la chimie moderne, que l'ébullition de l'eau est produite par une certaine portion de calorique qui pénètre le liquide, comme toutes les substances en général, qui en écarte les parties, et qui donne issue au gaz hydrogène, lequel étoit uni à l'oxigène, et que sa légéreté spécifique, supérieure à celle de l'air, ainsi que son élasticité fait se dégager avec tumulte et violence, dès qu'il est libre : il s'élève alors en fluide aériforme, en brisant les obstacles qui voudroient lui résister, à moins d'une force extraordinaire, telle, par exemple, que dans le digesteur de Papin.

Le premier principe de l'ébullition de l'eau est donc l'écartement suffisant de ses parties par l'action du calorique. A l'air libre, cet écartement n'a lieu qu'à 80 degrés environ du thermomètre de Réaumur, à cause de la pesanteur de l'air atmosphérique que l'eau soutient, et qui au-dessous de cette température, empêche les parties aqueuses de s'écarter suffisamment. Dans le vide, au contraire, cette pesanteur n'existant point, 25 degrés de chaleur suffisent pour opérer l'écartement au point de l'ébullition. Or, pour obtenir 25 degrés de calorique, il faut bien peu de feu, et par consequent, bien peu de combustible, tandis qu'il en faut beaucoup pour obtenir 80 degrés.

Delà, il est aisé de juger combien est avantageuse la distillation dans le vide, pour l'économie du combustible. Que seroit-ce encore, si on pouvoit s'en passer tout-à-fait, ainsi qu'on l'a espéré ?

Il peut cependant y avoir une sorte de compensation dans les deux modes de distillation ; je m'explique : l'ébullition à 25 degrés dans le vide, est-elle aussi forte qu'à 80 degrés à l'air libre ;

et produit-elle la même vaporisation ? Je ne suis pas à portée de vérifier si on a fait ce calcul : mais si l'ébullition à 25 degrés étoit moindre, la vaporisation et par conséquent la distillation pourroit être moindre aussi : dès lors, l'opération seroit plus lente, plus longue ; il faudroit moins de combustible à la fois, mais il en faudroit plus longtemps, et au bout du compte, il y auroit même consommation avec perte de temps. De plus, il s'agiroit de savoir si, dans le vide, l'absence de l'oxigène atmosphérique ne diminueroit pas encore l'activité de l'ébullition. Sur tout cela, il n'y a que des expériences qui puissent parfaitement éclairer, et je m'en rapporte à celles qui auront pu être faites, ou qui se feront dans la suite.

Quoiqu'il en soit du plus ou moins de combustible pour la distillation dans le vide, la chose seroit indifférente sur un Vaisseau, puisque pour une pareille opération, on n'auroit pas à employer le feu, et que la seule chaleur de la cale suffiroit. Mais comment opérer cette espèce de prodige ? La réponse est toute simple :

La température ordinaire, dans la cale d'un Vaisseau, est au moins de 25 degrés, et souvent au-dessus, comme lorsqu'on se trouve dans la zône torride, ou dans diverses circonstances qui s'opposent à la circulation de l'air. On ne sera pas surpris de cette élévation, si on pense que dans la zône tempérée, le thermomètre, dans une bonne exposition, monte quelquefois plus haut, et qu'à Paris, il est à plusieurs époques monté à 28 degrés.

L'atmosphère de la cale contient donc la quantité de calorique dont on a besoin. Il ne s'agit ensuite que d'opérer le vide parfait dans lequel la distillation doit se faire, en combinant la méchanique, le volume, le service de l'appareil, avec les localités, les mouvemens, et les usages du Vaisseau. C'est de cette possibilité que des savans avoient commencé à s'occuper, du temps de l'Académie des Sciences.

Le Cⁿ. Rochon, dans son Discours préliminaire que je cite encore ici avec reconnoissance, dit à ce sujet, qu'il fut associé à ce travail, et que plusieurs essais réussirent au-delà de ses espérances. « Meusnier, ajoute-t-il, Officier au
» corps du génie, et depuis membre de l'Aca-
» démie des Sciences, obtint du Gouvernement
» des fonds pour construire un alambic qui
» devoit remplir les conditions exigées dans ce
» genre de distillation ; mais des occupations
» diverses, et un service toujours actif l'em-
» pêchèrent d'achever cette machine, dont l'exé-
» cution n'est pas sans difficulté. La République
» a perdu, à Cassel où il commandoit, un Offi-
» cier distingué, et les Sciences, un homme
» instruit et occupé de leurs progrès. Nous
» aurions

» aurions desiré reprendre ce travail, dont il
» ne nous a jamais contesté la propriété, mais
» nous n'avons pu encore découvrir le lieu où
» se trouvé son alambic. »

Une réflexion se présente ici naturellement,
et on se demande par quelle fatalité cet alambic
a disparu. Certes, ce n'est pas là un objet capable de tenter la cupidité par son prix, ni
de favoriser la rapacité par sa petitesse. Qu'est-il
donc devenu? N'en existe-t-il aucune trace? Si
jusqu'ici le Gouvernement n'a fait aucune recherche, pourquoi n'en feroit-il pas, à présent
que ses vues s'étendent par-tout? Meusnier a
sans doute laissé des héritiers, des parens, des
amis, peut-être même des collaborateurs : une
récompense promise ne feroit-elle pas reparoître
son alambic, ses plans ou du moins les écrits
qu'il avoit composés là-dessus? Quelques lambeaux, quelques lueurs pourroient procurer de
grandes lumières. Je desire bien sincèrement
que le Gouvernement veuille adopter ma pensée
et lui donner suite. Dans quelque état que la
chose se trouve, on y découvrira peut-être des
moyens capables de l'utiliser pour la marine,
cette grande création de l'esprit humain, à laquelle toutes les sciences, tous les arts, sont appli-
cables ; qui forme une source inépuisable d'industrie, de richesses, de jouissances ; et qu'on
ne considére malheureusement en France, que

H

comme un objet qui se perd dans l'éloigne-
ment.

Il faut pourtant, en dernier résultat, prévenir
tous ceux qui pourroient s'occuper de recherches
et d'inventions pour la marine, et qui n'ont
pas l'expérience de la mer, qu'il ne faut jamais
offrir aux marins français, que des projets d'une
exécution extrêmement facile au physique et
au moral. Le métier de la mer est par lui-même,
dur, inquiétant, hérissé de soucis, de contrariétés : lorsqu'à la contrainte, aux sujétions, aux
travaux, aux tourmens que les marins supportent
jour et nuit, vient se joindre une tâche hors de la
routine à laquelle ils sont accoutumés, d'abord
on trouve la prévention qui existe naturellement
contre toute nouveauté : la mauvaise volonté,
la peine de concevoir, ensuite la paresse, la
lassitude, l'ennui s'emparent de tout le monde;
et comme un cheval plus chargé que de coutume, on rejette un surcroît de fardeau dont
on ne sent pas le prix.

Il est une autre cause qui fait abandonner
la nouveauté la plus utile : c'est le défaut d'instruction et de méthode pour pouvoir la mettre
en pratique, ce qui fait qu'on ne sait comment
s'y prendre, ni par où commencer, ni comment surmonter les premières difficultés : nul
individu ne se trouve spécialement chargé de
la besogne ou ne la prend à cœur : aucune dis-

position ne se fait, aucune impulsion n'est donnée : dans cet état général d'insouciance, d'apathie, chacun laisse aller, et la chose tombe
d'elle-même, sans qu'on ait fait un pas pour la
mettre en mouvement. Tel avoit été le sort du
procédé épuratoire de Smith, malgré ses expériences de l'an 6, parfaitement constatées par
le rapport des Commissaires, et prises en considération par le Gouvernement.

Qu'on prenne donc les marins, soit dans les
ports, soit à la mer, tels qu'ils sont : que pour
leur propre bien, on ne leur présente jamais
une besogne trop éloignée du service courant,
et que même dans les choses les plus faciles
on guide leurs premiers pas dans la nouvelle
carrière qu'on leur donne à parcourir, jusqu'à
ce qu'ils en aient pris l'habitude. Plusieurs raisons font espérer que l'appareil de Smith réussira
dans la marine, mieux qu'aucun des procédés
essayés jusqu'à présent : la première est la facilité de sa construction, de ses préparatifs à
terre, de son installation et de son usage à bord,
puisque c'est proprement une fontaine en bois
à laquelle il ne faut, sur un vaisseau, qu'une
petite place, et quelques porteurs d'eau : la
seconde, c'est que tout ce qui a besoin d'être
appris en théorie et en pratique, relativement
à l'exécution, a été prévu et développé dans
cet ouvrage, d'une manière assez intelligible,

assez méthodique, pour que tout homme qui devra y coopérer, sache ce qu'il aura à faire personnellement ; et enfin, c'est que l'impression mettra ces documens à portée de tout le monde.

Il ne s'agit donc plus que de se mettre à l'œuvre et de persévérer. Les avantages que les marins recueilleront de leurs premiers efforts, et ensuite de leur constance, les dédommageront amplement de la peine inséparable d'un début, et de la tâche légère que ce nouveau service ajoutera aux travaux accoutumés.

DU DESSALEMENT NATUREL DE L'EAU DE LA MER, PAR LE SABLE.

Tandis que l'esprit humain cherche, à l'aide des sciences et par des essais, la possibilité de déssaler sans inconvénient l'eau de mer sur les vaisseaux, afin que les marins ne soient pas exposés à souffrir et à mourir de soif au milieu de l'océan ; la nature, avec cette supériorité de puissance et cette simplicité de moyens qu'elle déploie dans ses œuvres, produit sans cesse ce dessalement sur ses bords. Il semble que, dans ses vues bienfaisantes, elle veuille, en faveur des navigateurs et des naufragés, suppléer au manque absolu d'eau douce, dans des sables brûlans, où ceux-ci ne trouveroient ni sources , ni ruisseaux , ni rivières , ni étangs.

Beaucoup de marins savent par expérience , que sur certains rivages des climats chauds , en creusant dans le sable à plusieurs toises des bords de la mer , et à quatorze ou quinze pieds de profondeur , on rencontre de l'eau assez peu saumâtre pour être potable. L'amiral Espagnol Gravina en a vu des exemples ; et moi-même j'ai conservé le souvenir d'un fait de cette espèce , dont les principales circonstances se sont passées sous mes yeux. Je vais en retracer quelques détails , autant qu'ils peuvent être encore présens à ma mémoire après un intervalle de près de quarante ans.

Au mois d'août 1761 , la flute *l'Utile* , appartenant à la Compagnie des Indes , commandée par le Capitaine Lafargue , étoit partie de Madagascar pour l'île de France , chargée de comestibles et de cent cinquante nègres esclaves. Peu de jours après , ce navire échoua dans la nuit sur des brisans inconnus , dont trop de sécurité avoit empêché de s'appercevoir. A la petite pointe du jour , on se trouva sur une île d'environ cent cinquante arpens de superficie , et très-peu élevée au-dessus du niveau de la mer. Cette île , ou plutôt ce monceau de sable , étoit l'ouvrage des ouragans périodiques qui règnent dans ces parages. Elle étoit à l'Est de Madagascar, sous le quinzième degré de latitude. Quelques momens avant d'échouer, le bâtiment fut couvert d'une quantité prodigieuse d'oiseaux marins : c'étoit-là les seuls habitans de l'île. Cependant le navire s'entr'ouvroit par les violentes secousses que la lame lui faisoit éprouver : et il n'y eut d'autre parti à prendre que de gagner la terre, non sans peine et sans danger. Mais d'abord il falloit se nourrir : l'île étoit absolument stérile. On y trouva heureusement une infinité d'œufs d'oiseaux qui fournirent la première subsistance. Les nègres mangeoient aussi de ces animaux qu'ils parvenoient à attraper.

On établit quelques communications avec le bâtiment, et on en retira peu à peu quelques bariques d'eau - de - vie, de biscuit, et autres provisions ; ainsi que des effets, ustensiles, armes, outils, toiles, cordages, de la poudre, du plomb, et différens matériaux, au moyen desquels ils pouvoient vivre, et même se tirer de cette fâcheuse position. L'eau douce manquoit totalement : et comment s'en passer long-temps sous un climat aussi chaud ? Un des officiers, nommé Castelan, qui dans cette occasion déploya beaucoup de courage, d'imagination et d'industrie, s'avisa de faire creuser dans le sable à quelque distance des bords ; et à la profondeur de quinze pieds environ, on trouva de l'eau assez dessalée pour qu'on pût en faire la boisson usuelle, sans en éprouver ni dégoût ni incommodité. C'est ainsi que près de deux cent naufragés se préservèrent du tourment mortel de la soif, dans l'impuissance physique où ils étoient de se procurer de l'eau douce, sur leur tas de sable absolument isolé.

Le lecteur sera sans doute curieux de savoir comment finit cette triste et intéressante aventure. Le voici.

L'ingénieux Castelan vit bien qu'on ne pourroit sortir de là qu'au moyen d'une barque qu'il falloit construire des débris du navire, en y employant tous les bras et toutes les ressources possibles. A mesure que la carcasse se brissoit par les efforts des vagues, la mer en poussoit des lambeaux sur le rivage. Là, on en retiroit du bois et du fer. Une petite forge fut construite, une peau de maugere et deux planches servirent à former le soufflet. Que ne peut l'industrie humaine, sur-tout quand elle est aiguillonnée par l'amour naturel de l'existence ! A force de travail, de combinaisons, d'activité, d'adresse, Castelan parvint à achever la construction d'un bateau plat assez grand, assez fort pour porter quarante hommes. Avec quelques bouts de mâture, des cordages, et quelques morceaux de toile, on fit un mât, une vergue, un gréément, et une voile carrée :

on s'industria aussi pour le gouvernail , et quelques autres objets indispensables pour pouvoir naviguer.

Au bout de quarante jours tout fut prêt pour mettre en mer. Les nègres n'avoient cessé de se bien comporter et de travailler avec zèle ; mais il étoit impossible de les embarquer , vu la petitesse de la barque de salut. Ils consentirent à rester , sous la condition qu'on viendroit les reprendre au plûtôt, et on leur en fit la promesse solemnelle. On leur laissa des fusils , des munitions de chasse quelques barils d'eau-de-vie , et enfin tout ce qu'on étoit en état de leur donner pour les contenter et adoucir leur sort. On s'assura , autant qu'on le put, de la position géographique de l'île pour parvenir à la retrouver ; car elle étoit si basse que d'un peu loin elle se confondoit avec la mer; et il étoit à craindre que dans un ouragan elle ne fût submergée.

Enfin , les quarante blancs s'embarquèrent avec quelques provisions , et firent route, vent arrière, pour la baie de Foule-pointe à Madagascar , lieu ordinaire des relâches des navires français allant de l'île de France dans l'Inde en retournant en Europe ; sous peu de jours ils arrivèrent sains et saufs à leur destination.

A cette époque j'étois embarqué sur le vaisseau de guerre *le Minotaure*, monté par Froger de l'Eguille, commandant une escadre qui se trouvoit alors mouillée à Foule-pointe. Quand nous vîmes paroître à quelques lieues au vent un navire avec une seule voile carrée, nous ne sûmes qu'en penser, attendu que cette voilure n'étoit pas usitée dans ces parages. Mais à l'entrée de la nuit, dès que la barque eut mouillé dans la baie, le commandant envoya à bord pour la reconnoître. On transporta sur *le Minotaure* le capitaine Lafargue, et quelques-uns de ses compagnons, et ce fut par eux que nous apprîmes leurs aventures.

Le C.ⁿ Rochon, d'après des notions qu'il a acquises lui-même long-temps après, cite, dans la relation de son voyage aux Indes orientales, le naufrage de la flûte *l'Utile*, dans l'intention de prouver par ses circonstances, qu'il est possible aux navigateurs de trouver les moyens de vivre sur les côtes les plus arides, même par rapport à l'eau saumâtre qu'on y trouve en la cherchant dans le sable, puisque des cent - cinquante esclaves laissés sur l'île de Sable , sept nègresses en firent leur boisson journalière, avec des coquillages pour alimens, pendant quinze années ; n'ayant été transportées à l'île de France qu'en 1776, par la corvette la *Dauphine*. Le même auteur ajoute qu'il a vu le tissu de plumes d'oiseau qui servoient de couverture et de vêtemens à ces femmes, témoignage précieux des ressources que l'homme peut trouver dans son industrie, lorsque tout l'abandonne, excepté la nature.

Il est impossible, en effet, d'après ce qu'on vient de voir, de révoquer en doute la réalité du dessalement de l'eau de la mer par le sable. Il reste à savoir comment la nature s'y prend pour l'opérer, et si avec ses petits moyens, l'homme peut l'imiter dans ce travail.

Sans doute, au premier coup-d'œil, on croira que ce dessalement se fait tout simplement par une très-longue filtration de l'eau de mer à travers les interstices serrés d'un tas énorme de sable, dans lesquels le liquide dépose en passant, la majeure partie des parties salines qu'il contient. C'est-là l'idée commune, parce qu'elle est facile à concevoir : mais voici l'erreur. Les sels, l'acide muriatique et autres substances hétérogènes ne sont pas dans l'eau de mer tenus en simple suspension : tous ces corps y sont tenus en dissolution, ce qui est bien différent en chimie. Dans cette dernière hypothèse, les corps ne peuvent pas abandonner l'eau, ni se précipiter par leur pesanteur spécifique, ni par les frottemens de leurs molécules avec les molécules de sable. Il n'y a qu'une décomposition chimique qui puisse rompre l'attraction réciproque, qui unit étroitement les sels et les acides avec l'eau. Or, cette décomposition ne peut pas avoir lieu ici, puisque, comme nous l'avons déja établi, le sable, matière inerte, passive, n'a aucune propriété composante ni décomposante. Il faut donc chercher une autre cause. Qu'on me permette là-dessus une grande idée, peut-être paradoxale, mais bonne à hasarder modestement.

Dans un grand tas de sable, ouvrage du temps, de la mer et des tempêtes, il doit se trouver une immense quantité de coquilles, de madrépores brisés, broyés par les chocs, les frottemens multipliés que les vagues agitées leur font éprouver, en les balottant en tout sens, et les poussant pêle-mêle avec les matières siliceuses vers les côtes, pour y former des atterrissemens. Les rivages paroissent couverts de ces substances quand elles n'échappent pas à l'œil par leur petitesse; tandis que celles qui sont pulvérisées, ne peuvent pas être apperçues, sans que pour cela elles cessent d'exister. Delà, il est probable qu'il y a éternellement dans le sable des bords de la mer une quantité énorme de ces débris réduits en poudre; et comme les coquilles, les madrépores ou les coraux sont de vrais carbonates calcaires, on peut, sans blesser la raison, supposer que ces substances agissent sur l'acide muriatique de l'eau de mer, par leur acide carbonique et par la terre calcaire qu'elles contiennent, ainsi qu'il arrive à la dépuration de l'eau , par le charbon et la pierre à chaux. Qui sait encore si la grande quantité de calorique dont le sable est profondément pénétré dans les climats très-chauds , ne contribueroit pas à la décomposition en formant une espèce de bain marie ?

On seroit donc porté à croire qu'il est possible d'imiter la nature, en employant les mêmes moyens ; mais désabusons-nous : la nature, je le répète, travaille en grand , et l'homme en petit. Il nous faudroit, pour réussir comme elle, des tas énormes de sable et de carbonates calcaires, soit minéraux, soit animaux, une longue suite de siècles et les ardeurs continuelles du soleil. Or , tout cela n'est pas à notre disposition, ou du moins nous ne pouvons en user que très-imparfaitement pour nos besoins. Toutefois, si quelque procédé humain peut approcher de celui de la nature, c'est celui de la dépuration des mauvaises eaux par le charbon et le carbonate calcaire , sans en exclure le sable, ainsi que je l'ai dit, ne fût-ce que pour économiser le carbonate.

Cependant, je ne puis me dispenser d'observer que le dessalement de l'eau de mer par notre système épuratoire , est impraticable sur un vaisseau , quand même il seroit vrai en principe, parce que les parcelles salines pourroient bien se séparer de l'eau par décomposition chimique ; mais alors elles s'attacheroient , par attraction , aux substances dépuratives ; et celles-ci s'en trouvant peu-à-peu saturées , ne pourroient plus en attirer de nouvelles , ni par conséquent dessaler l'eau.

On dira sans doute , et cette idée ne nous a pas échappé , qu'il n'y auroit qu'à laver avec de l'eau douce , les substances saturées de sel , et que par-là elles reprendroient leurs propriétés : mais, dois-je répondre, où prendre assez d'eau douce pour ces sortes de lavages, lorsqu'elle vient à manquer : ou si on en a encore , on ne feroit que l'échanger, contre l'eau dessalée ? Il n'y auroit donc là rien à gagner.

N'abandonnons pas néanmoins cet objet, à cause de la grande utilité dont il seroit pour les navigateurs. Il faut essayer, tâtonner ; tel est pour l'homme le chemin du vrai. Quelquefois à force de chercher, on parvient enfin à s'écrier, comme Archimède : « je l'ai » trouvé ».

Je termine ici mon travail. Le temps et ma position ne m'ont pas permis de rendre l'ouvrage aussi correct, aussi intéressant que son objet le mérite. Mon zèle s'est borné à porter le soc dans un champ vaste et négligé : des mains plus habiles, plus libres que les miennes, le fertiliseront.

F I N.

NOTES CRITIQUES,

REMARQUES OU OBJECTIONS

DU Cⁿ. SMITH,

Inventeur de cette utile opération.

NOTE PRÉLIMINAIRE.

Le Cⁿ. J. Smith est réfugié Ecossois : il a été mis hors de la loi par le Gouvernement Anglois, pour avoir écrit en faveur du système représentatif, et pour avoir été Membre de la première Convention qui fut assemblée à Edimbourg en 1792, afin de délibérer sur les moyens d'opérer une réforme parlementaire.

Echappé à la tyrannie du Cabinet de Saint-James, il offrit à la France, qui lui a donné asyle, ses talens, ses connoissances et son industrie. La première preuve de sa reconnoissance, a été de présenter à la Marine ce procédé qui procure des eaux pures et limpides pour boisson dans les Vaisseaux.]

NOTE POUR LA PAGE 6, *cinquième ligne de la note* (1).

Le secret de Smith, et le succès complet, etc. *jusqu'à la fin ; il faut lire :*

Le procédé de Smith, et le succès complet de l'épreuve qui en fut faite, la même que celle dont on vient de voir les détails ; mais cela n'empêchoit pas que cette utile invention ne fût tombée dans l'oubli depuis que le Cⁿ. Smith avoit quitté Brest, en conséquence d'un arrêté du Directoire-Exécutif qui obligeoit tous les étrangers de s'éloigner des ports de mer ; et personne n'avoit cherché à suppléer à son absence, pour donner suite à cet objet.

Le Cⁿ. Smith ne prétend point faire un secret de sa découverte , dont il desire au contraire faire jouir l'humanité, et en particulier les marins, de même que les habitans de la Capitale, et autres endroits de la République , par l'établissement dont il sera parlé ci-après.

Page 10 , *lignes* 21 *et* 22. L'inventeur n'avoit confié son secret à personne, et l'on ne savoit ce qu'il étoit lui-même devenu ; mais , *etc.*

Par les raisons ci-devant exposées , il faut lire : L'inventeur étoit absent, et personne ne connoissoit ses procédés ; mais , *etc.*

Page 38 , *note* (1) , *au bas de la page. Ceci est contredit par le Cⁿ. Smith , qui a lui-même employé la couverture qui forme le premier filtre.*

Page 40. *La note entière est contredite par le C.ⁿ Smith, qui pense qu'elle doit être supprimée.*

Page 44 , *note au bas de la page : réformez ainsi la note entière , et lisez :*
Cet inconvénient est réel, quelle que soit la qualité de la pierre calcaire : il paroît qu'elle n'entre point dans la composition des filtres du Cⁿ. Smith, dont la principale matière est le charbon de bois.
Cet Artiste , qui a depuis obtenu un brevet d'invention , s'est réuni au Cⁿ. Cuchet : ils ont formé, rue de Beaune, hôtel de Nesle , un établissement pour la fabrication de fontaines domestiques de décoration , et d'autres portatives.

L'eau de la Seine, en passant par ces filtres, se clarifie et se désinfecte ; elle se dégage de tous les corps hétérogènes qui la rendent dégoûtante et dangereuse avant sa purification. Non seulement l'eau de la Seine , mais les eaux les plus corrompues , sortent de ces filtres aussi limpides que de l'eau de source.

Les formes qu'ils donnent à ces fontaines sont imitées de l'Antique ; ce qui les rend propres à décorer un appartement.

Quant aux fontaines filtrantes portatives à l'usage des marins et des voyageurs par terre , elles sont si commodes qu'on peut les transporter aisément.

Page 63 , *lignes* 20 , 21 *et* 22. Son procédé consiste dans un filtre composé de poussier de charbon , et dans l'addition d'une petite quantité d'acide sulphurique. *D'après l'observation du Cⁿ. Smith , il faut lire :* Son procédé consiste à mêler une once et demie de poussier de charbon et vingt-quatre gouttes d'acide vitriolique concentré , sur deux pintes d'eau corrompue ; mais pour réussir dans ce procédé , il est nécessaire de renouveller ces matières chaque fois qu'on veut purifier l'eau, ce qui est impraticable à bord des Vaisseaux, et même infiniment difficile à exécuter à terre.

RÉPONSE aux notes critiques, ou objections *du C. Smith, insérées dans la
première édition.*

JE transporte ces notes dans ma deuxième édition, dans la
seule vue de rétablir, par une réfutation franche, l'exactitude
des faits contredits, sans ma participation. Je ne prétends
toucher en aucune façon au mérite des fontaines épuratoires
du critique, ni aux égards qui lui sont dûs, ne s'agissant pas
ici du personnel, mais seulement de la chose à discuter.

1°. Au quatrième paragraphe de la page 127, première
édition, M. Smith contredit la note (1) qui se trouve au
bas de la page 38, ajoutant *qu'il a lui même employé la
couverture qui forme le premier filtre.*

Cela se peut ; mais comme dans le rapport des douze Commissaires sur les premières expériences faites à Brest en l'an 6,
lequel présente tous les détails de l'appareil soumis à l'examen,
il n'est nullement question de cette *couverture,* on a dû
regarder, aux expériences de l'an 8, l'emploi de ce premier
filtre comme de nouvelle invention. Au reste cela est très-
indifférent, pourvu que la chose se pratique.

2°. Au cinquième paragraphe, il est dit : « la note en-
« tière de la page 40, est contredite par le C. Smith, qui
» pense qu'elle doit être supprimée ».

Je pense, moi, qu'il faut au contraire la conserver soigneusement, tant pour la vérité et l'utilité du fait en lui-même,
que pour les conséquences lumineuses qui en sont déduites,
relativement aux inventions qui ont la navigation pour objet.

3°. Au sixième paragraphe, le C. Smith veut qu'on
réforme la note au bas de la page 44, et qu'on lise : « cet in-
» convénient est réel «.

Cela est possible : il est pourtant certain que le C. Smith
a employé la pierre à chaux dans ses expériences de l'an 6.

D'ailleurs, si cette substance n'est pas employée dans la composition des filtres de ses fontaines, c'est qu'apparemment on peut s'en passer pour de petits appareils : mais il suffit qu'avec la pierre à chaux pulvérisée, unie à la poudre de charbon de bois, on ait obtenu constamment une dépuration parfaite aux expériences faites en l'an 8, pour qu'on continue à l'employer dans les grands appareils, ne fût-ce que pour économiser le charbon.

4°. Au dernier paragraphe, le C. Smith observe sur la page 63, lig. 20, 21, 22, au sujet du mémoire de M. Lowitz, qu'il faut lire au lieu *d'une petite quantité d'acide sulfurique*, 124 *gouttes d'acide vitriolique concentré*.

Je réponds à cela : 1°. que les doses précises des différentes substances employées par M. Lowitz dans ses essais en petit, étoient inutiles à citer, puisqu'il ne s'agissoit pas de les suivre dans les expériences en grand de l'an 8, pour lesquelles on n'a emprunté du procédé de M. Lowitz que l'emploi du charbon, sans que pour cela, le succès de la dépuration ait été moins complet. 2°. Le terme *vitriolique* que le C. Smith veut substituer à celui de *sulphurique*, prouve que la nouvelle nomenclature chimique n'est pas encore connue de tout le monde. Mais ici le nom ne fait rien à la chose ; d'autant que l'usage de cet acide est reconnu par le C. Smith lui-même *impraticable à bord des vaisseaux, et infiniment difficile à exécuter à terre*.

Je crois, après cette analyse, que les notes du C. Smith tombent d'elles-mêmes : mais ses fontaines épuratoires ne doivent pas tomber, tant elles sont utiles et bien entendues.

ERRATA.

ADDITION.

Page 112, *après le premier paragraphe, lisez ce qui suit :*

Ces 28 degrés de calorique seroient nécessaires, au lieu de 25, pour mettre en ébullition dans le vuide, l'eau salée, spécifiquement plus dense que l'eau douce ; encore faut-il observer qu'aux expériences physiques, lorsqu'on met en ébullition sous un récipient vuide d'air, de l'eau douce, on a eu soin de lui donner 40 degrés de chaleur, température bien supérieure à la chaleur ordinaire de la cale d'un vaiseau.

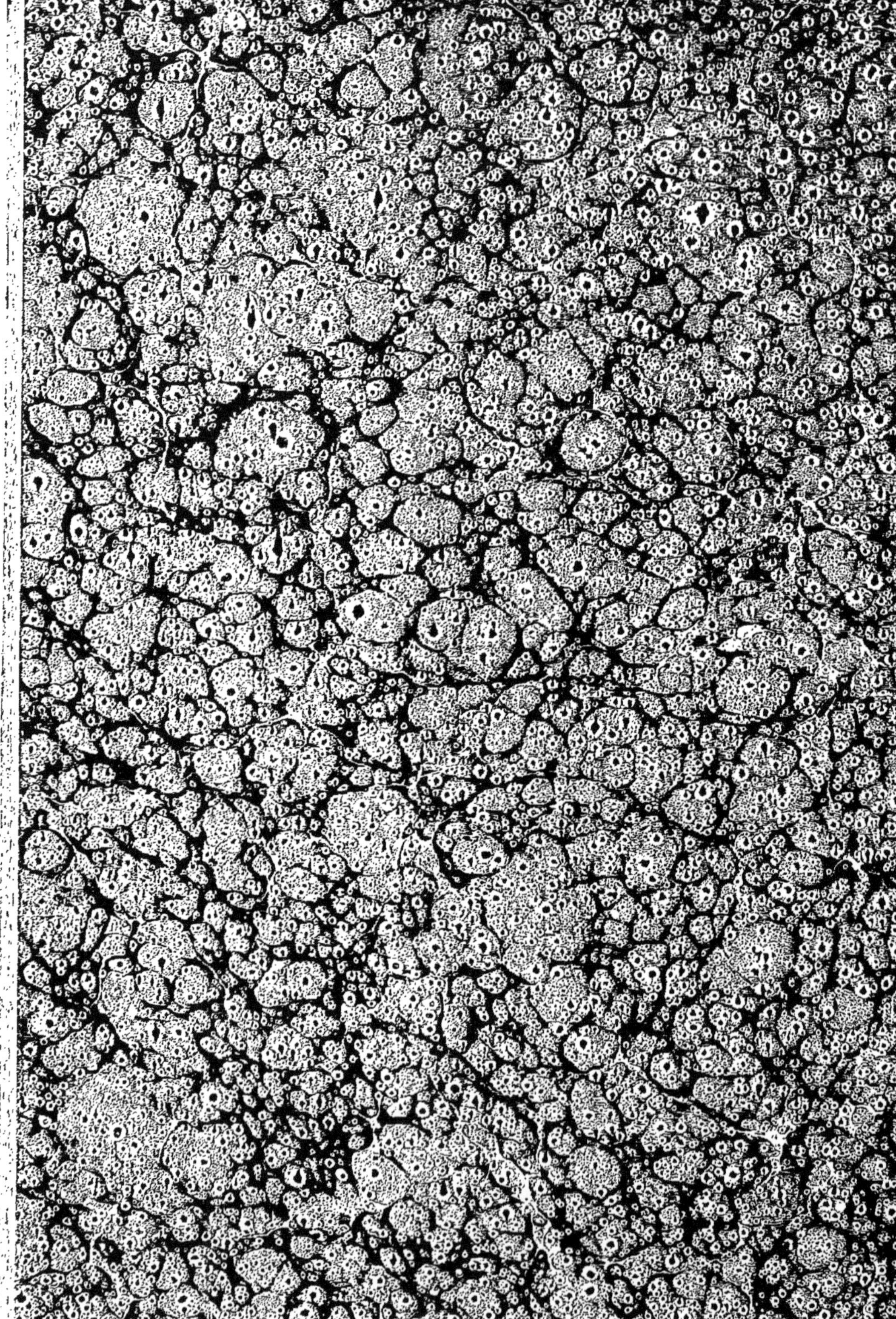

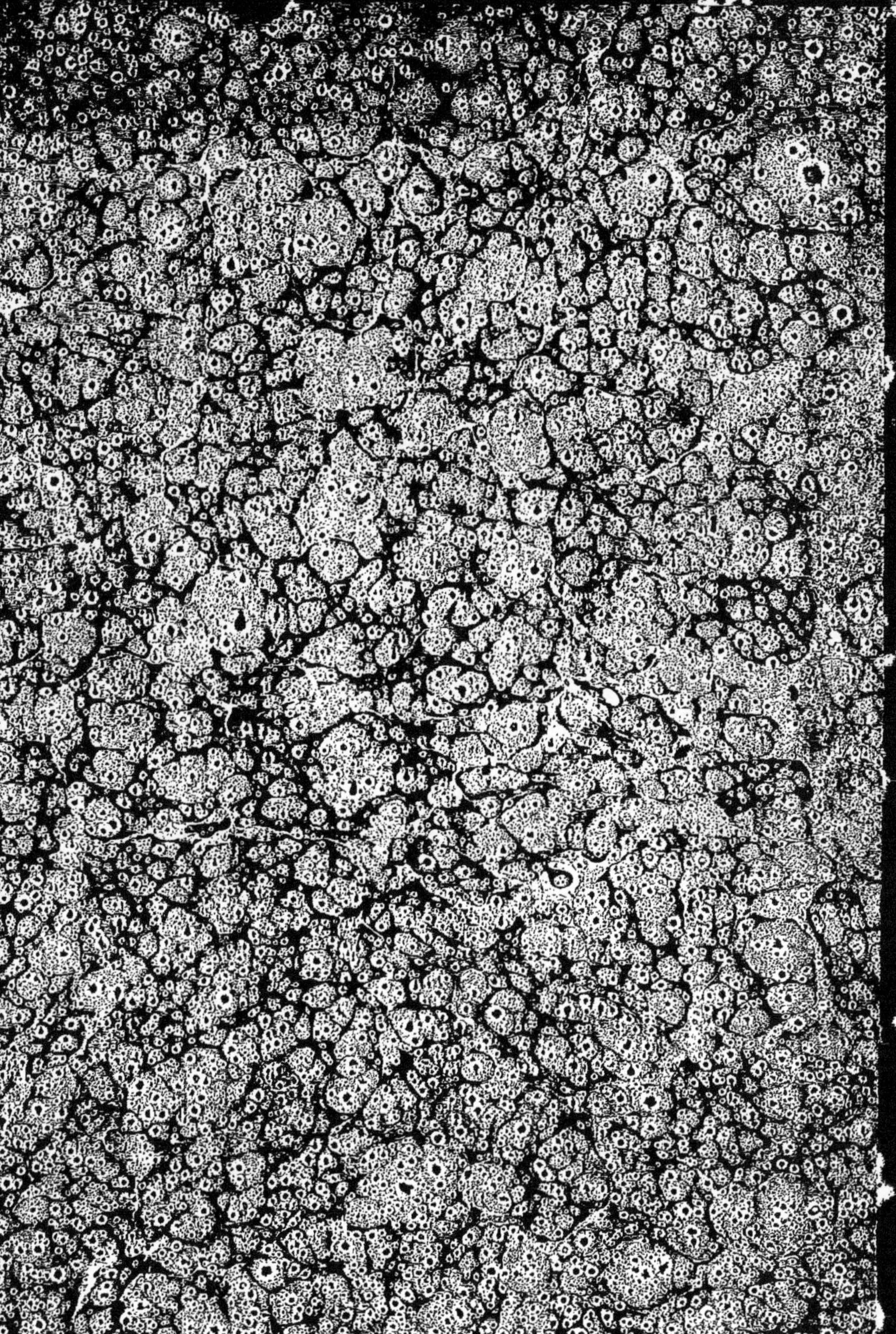

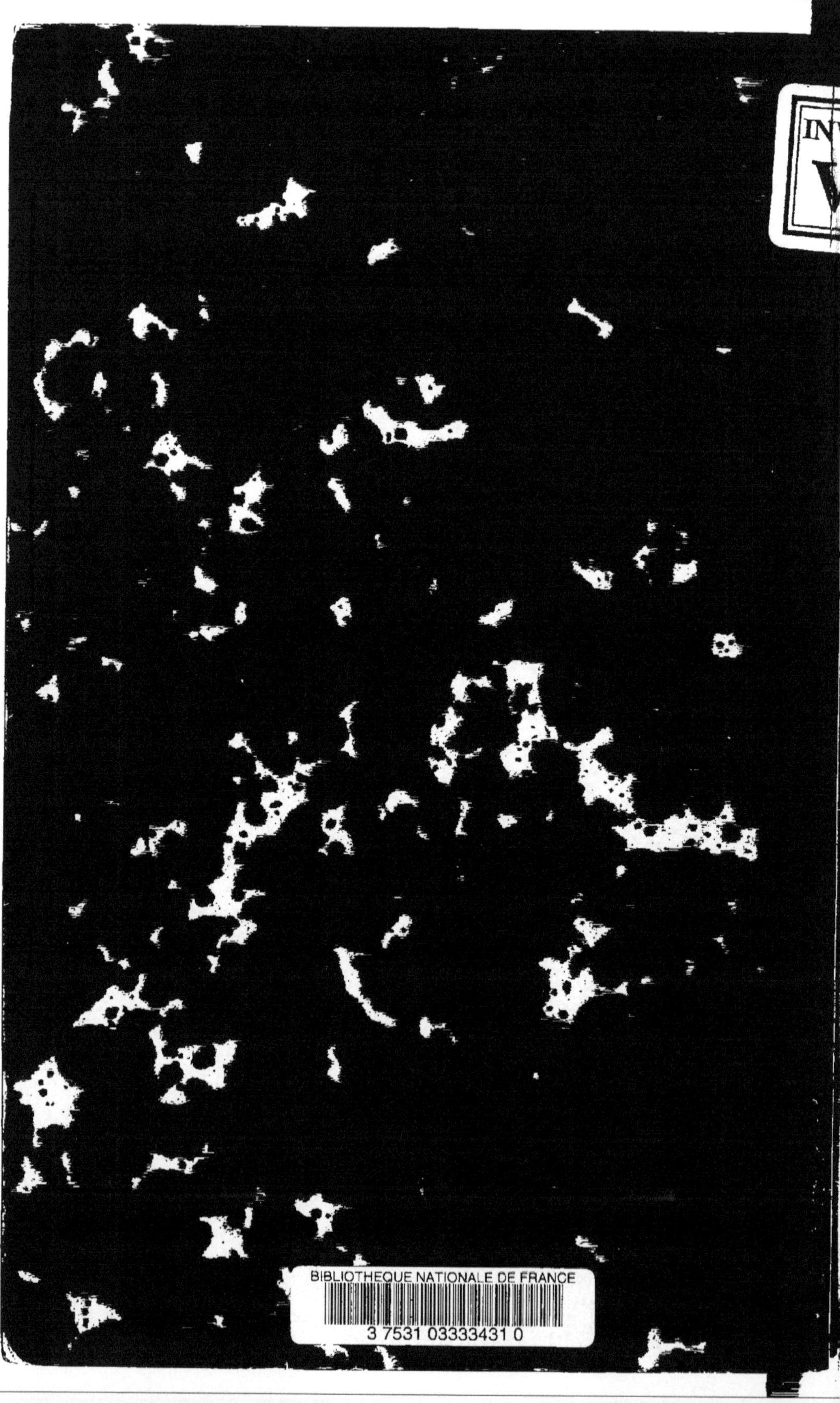